设施薄皮甜瓜
优质高产栽培技术

北京市农业技术推广站　北京市西甜瓜产业技术体系创新团队　组织编写

朱　莉　　等　主编

中国农业科学技术出版社

图书在版编目（CIP）数据

设施薄皮甜瓜优质高产栽培技术／朱莉等主编．—北京：中国农业科学技术出版社，2015.12

ISBN 978－7－5116－2369－0

Ⅰ.①设…　Ⅱ.①朱…　Ⅲ.①甜瓜－瓜果园艺－设施农业　Ⅳ.①S652

中国版本图书馆 CIP 数据核字（2015）第 270486 号

责任编辑　于建慧
责任校对　马广洋

出 版 者　中国农业科学技术出版社
　　　　　北京市中关村南大街 12 号　邮编：100081
电　　话　（010）82109194（编辑室）（010）82106624（发行部）
　　　　　（010）82106629（读者服务部）
传　　真　（010）82106636
网　　址　http://www.castp.cn
经 销 者　各地新华书店
印 刷 者　北京富泰印刷有限责任公司
开　　本　889mm×1194mm　1/32
印　　张　2.875
字　　数　78 千字
版　　次　2015 年 12 月第 1 版　2016 年 3 月第 2 次印刷
定　　价　12.80 元

编委会

主　编： 朱　莉　曾剑波　李云飞　李　婷

副主编： 刘中华　张志勇　吴学宏　耿丽华　张　猛

编　委： （姓氏笔画排序）

于　琪　马　超　王小征　王亚甡　王红霞

王海荣　石颜通　叶长锁　兰　振　刘　洋

江　姣　芦金生　李　琳　李志凤　邱孟超

张　雷　张保东　陈宗光　陈艳利　胡宝贵

夏　冉　徐　茂　董　帅　蒋金成　韩月升

目录

第一章

甜瓜产业发展及市场需求

甜瓜（学名：*Cucumis melo* L.，英文：Muskmelon），因瓜肉味甜而得名，又因其清香袭人故又名香瓜。甜瓜原产非洲埃塞俄比亚高原及其毗邻地区，中国的黄淮和长江流域为薄皮甜瓜次生起源中心之一，新疆维吾尔自治区（以下简称新疆）为厚皮甜瓜次生起源中心之一。甜瓜在中国、俄罗斯、西班牙、美国、伊朗、意大利、日本等国家普遍栽培。

甜瓜是葫芦科黄瓜属一年生匍匐或蔓性草本植物，叶心脏形或掌形。其有五花瓣，黄色，雌雄同株，雌花为两性花具雄蕊和雌蕊，雄花为单性只有雄蕊。瓜呈球形、卵形、椭圆形或扁圆形，皮色黄、白、绿或杂有各种斑纹。果肉绿、白、赤红或橙黄色，肉质脆或绵软，味香而甜。果实作水果或蔬菜，瓜蒂和种子可作药用。鲜果以食用为主，也可制作瓜干、瓜脯、瓜汁、瓜酱及腌渍品等。

甜瓜果实香甜可口，是夏令消暑瓜果，果实含有人类所需的水分、碳水化合物、蛋白质、脂肪、膳食纤维、维生素 A、维生素 C、维生素 B_1、维生素 B_2、维生素 PP、维生素 E、钙、磷、铁、锌、钾等营养成分，其营养价值可与西瓜媲美。据测定，甜瓜除了水分和蛋白质的含量低于西瓜外，其他营养成分均不低于西瓜，而芳香物质、矿物质、糖分和维生素 C 的含量明显高于西瓜。维生素 C 的含量远远超过牛奶等食品。其含有的苹果酸、葡萄糖、氨基酸、维生素 C 等营养有利于人体心脏、肝脏及肠道系统的活动，促进内分泌和造血机能。祖国医学确认甜瓜具有“消暑热，解烦渴，利小便”的显著功效，但瓜蒂有毒，生食过量，即会中毒。一般人群均可食用，但出血及体虚者，脾胃虚寒、腹胀便溏者忌食。

一、国内外甜瓜栽培概况

甜瓜种植在世界园艺产业中占据着重要地位，位列世界十大健康水果第六，生产面积和产量居世界十大水果的第九位。中国、西班牙、日本、俄罗斯等国的甜瓜生产面积都比较大。我国是世界甜瓜最大的生产与消费国，面积占全球的45%以上，产量占55%以上，人均消费量是世界人均消费量的2～3倍，占全国夏季果品市场总量的50%以上。近年多地的甜瓜生产效益表明，其亩*效益是大田作物的20倍左右，不难看出甜瓜是高效益的水果，也是快速实现农民增收的高效园艺作物。

甜瓜种类分薄皮甜瓜亚种和厚皮甜瓜亚种两类，这两类在我国都有广泛的种植，东部地区是薄皮甜瓜的传统产区，新疆、甘肃等西北地区则是哈密瓜、白兰瓜等厚皮甜瓜的老产区。随着我国经济快速发展和人们生活水平的提高，甜瓜的生产面积得到了快速发展，产量也有较大的提高，截至2012年，我国的甜瓜生产面积达41万公顷，是1997年生产面积的2.6倍，15年间平均增长率为6.5%；甜瓜总产量达1 330万吨，是1997年的3.2倍，15年间平均增长率为8.2%。总体上看，甜瓜产量的增长明显快于播种面积增长，说明近15年来甜瓜单位面积产量得到了显著提高。

20世纪80年代初，我国的甜瓜生产主要以露地为主，产品供应时间集中。随着生产技术的进步，地膜覆盖技术和日光温室、大棚等设施逐渐在甜瓜生产中加以普及应用，对扩大甜瓜栽培地区和生产周年化、优质化、多样化、高效化起到显著作用。例如为了达到早上市的目的，北方地区如河北乐亭、辽宁北镇及华北等地，都采用日光温室或大棚等保护地设施进行

---

* 注：1亩≈667平方米；1公顷=10 000平方米。全书同。

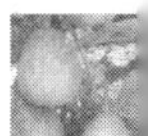

生产，“五一”节前后就能上市，经济效益比较可观。另外设施栽培还可避免夏季的高湿多雨，使得厚皮甜瓜在我国东部被成功种植，扩大了其生产范围。目前，甜瓜种植主要分布在华东、华中、西北。2012 年，华东 6 省 1 市的甜瓜播种面积达 11 万公顷，产量为 370 万吨，分别占全国甜瓜总播种面积和产量的 26.9%、28.1%；华中 6 省的甜瓜播种面积达 10 万公顷，产量为 290 万吨，分别占全国甜瓜总播种面积和产量的 24.1%、22.2%；西北地区的甜瓜播种面积达 9 万公顷，产量为 300 万吨，分别占全国甜瓜总播种面积和产量的 20.3%、22.9%。

随着科学技术的进步，甜瓜栽培技术也得到了很大提高，由高产栽培逐步发展到目前的优质、高效、安全、节水等栽培，实现了“四季栽培、三季有瓜”生产，延长了甜瓜供应期，利用微喷带水肥一体化技术、蜜蜂授粉等技术，提高了土地产出率、资源利用率和劳动生产率，产品质量得到保证，推动了环境友好型和资源节约型现代甜瓜产业的发展。

同时，甜瓜的功能逐渐拓宽，除了生产功能以外，都市人们生活休闲娱乐、都市生态及景观示范等功能逐渐被人们重视和认可，采摘高效种植园及观光创意等功能逐渐完善和成熟。近 10 年来，北京市大兴区庞安路西瓜、甜瓜产业带持续发展，产品质量提高、供应时间延长、景观效果提升，采摘人数大幅增加，采摘销售比例从 30% 提高到 80%；以甜瓜采摘为主的北京顺义沿河产业带，近 10 年采摘西瓜、甜瓜达 34 万人次，采摘西瓜、甜瓜 653 万千克，采摘收入 4 800 万元。2014 年，北京市西瓜、甜瓜观光园区共 132 个，覆盖大兴、顺义等 9 个区县，为生活增彩添色，提高了市民的幸福指数。

二、我国甜瓜生产发展特点

甜瓜具有栽培周期较短、栽培管理较简单、劳动强度较轻，可与其他作物套作，复种指数较高、市场消费需求量较大的特点，正成为以种植业为主要经济来源的广大农民快速增收致富的有效途径，相应的产业规模会进一步扩大。

（一）“优质、高效、安全、生态”生产目标日益突出

随着社会经济水平的提高，甜瓜生产从注重产量增长，转向注重质量安全和生产整体效益的提高，从单纯的生产逐渐走上生产、加工与生态协调发展的道路，提高了市场竞争能力和可持续发展能力。所以甜瓜产业必然要加快优良品种更新，品种多样化，栽培技术标准化，生产高效安全生态化，发展优质精品瓜、绿色有机瓜，开发中、高端市场；同时持续开发休闲观光采摘功能，加速“一产”、“二产”和“三产”的融合发展，拓宽农民的增收渠道。

（二）土地产出率、资源利用率和农业劳动生产率应进一步提高

在资源环境承载能力有限和务农人员老龄化的前提下，拼资源、拼环境、高投入、高消耗的传统生产方式将被淘汰，规模化、集约化合作社或家庭农场等组织化程度较高的生产模式、水肥一体化技术、蜜蜂授粉技术等省力栽培模式，必将成为甜瓜生产的发展趋势，有利于提高土地产出率、资源利用率和农业劳动生产率，有利于建设环境友好型和资源节约型现代甜瓜产业。

（三）设施生产将进一步扩大

设施甜瓜生产既能够在“五一”节前成熟，也能保证国庆节有瓜上市。在丰富淡季市场供应的同时，又可满足市民采摘的需要，尤其是节日消费的需要，也能给瓜农带来较好的经济效益。随着设施生产水平的提高和人们对优质产品需求量不断增加，甜瓜设施生产面积在逐年增加，促使生产向周年化、优质化、高效化方向发展，有利于推动现代农业的进程。

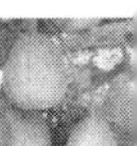

三、都市甜瓜生产效益与前景

（一）北京市甜瓜产业发展背景

1. 北京甜瓜产业种植历史悠久

甜瓜作为世界重要的水果之一，具有栽培周期较短、栽培技术较简单、生产适应性较强、市场需求量较大、经济效益较高等特点，是一种高效经济的水果作物。北京早就有种植甜瓜的习惯，1994—2000 年甜瓜种植面积更是呈波动性增长趋势，到 2000 年种植面积达 1.5 万亩，为近 20 年的历史最高水平。2001—2012 年北京市甜瓜种植面积呈先低后增的变化趋势，种植面积稳定在 8 000 ~ 17 700 亩（图 1）。

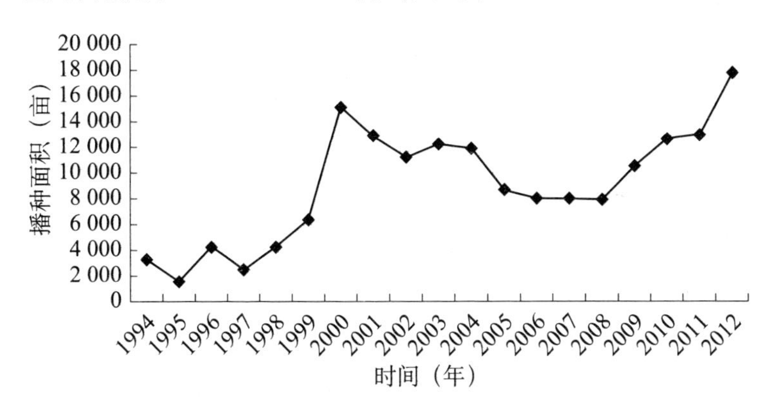

图 1　1994—2011 年北京市甜瓜播种面积

注：数据来源于《北京统计年鉴》

2. 北京甜瓜产业变化适应都市型农业发展

（1）适应都市设施农业发展。近年来，在农业扶持政策的引导下，北京市设施农业建设取得了较大发展，成为京郊农业增效、农民增收的又一重要途径，在保障首都农产品供给中发挥了重要作用。2012 年北京市共有设施地 56.7 万亩，瓜类设施面积 8.6 万亩，占全市设施面积的 15.17%；而设施地瓜类的总产值达10.7亿元，占设施地总产值的20.55%。目前，北京市甜瓜种植面积约1.2万亩，大多采用设施生产，而设施地生产又以温室和大棚为主，有小部分采用连栋温室生产，以方便市民采摘（表1）。

表1　北京市设施农业面积及产值

	全市设施	其中瓜类设施	所占比例（%）
面积（亩）	566 955.00	86 458.00	15.24
产值（万元）	519 824.20	106 834.60	20.55

（2）适应都市采摘农业发展。2012年北京市西甜瓜观光采摘功能凸显。经采摘销售的西、甜瓜数量占到西、甜瓜供应量的30%。素有“中国西瓜之乡”的北京市大兴区庞各庄镇，是市民采摘西瓜的主要去处，这里的庞安路成为一条涵盖着种植模式创新、管理经验更新、技术应用革新诸多因素融合为一体的北京西瓜产业“高速路”。庞安路两侧，“世同瓜园”、“小李瓜园”、“老宋瓜园”等有名气的西瓜采摘园整齐划一，温室和大棚里飘散着西、甜瓜的芳香。顺义沿河甜瓜采摘月活动也已连续开展16年，北务村“绿中名”瓜菜采摘节已连续举办10年，经济、社会效益显著。

（3）适应高产高效农业发展。西、甜瓜产业适应高产高效农业的发展，从2012年北京市统计局数据分析来看，瓜果类亩收入高于蔬菜和食用菌。其中，瓜果类温室亩收入达4.04万元，远高于温室种植蔬菜和食用菌亩收入的0.89万元；大棚瓜果类的亩收入达0.79万元，是大棚蔬菜和食用菌亩收入的1.32倍；而中小棚瓜果类的亩收入也比大棚蔬菜和食用菌的亩收入多583元。从设施地平均亩收入来看，蔬菜和食用菌亩的收入为0.78万元，而瓜果类的亩收入为1.24万元（表2）。

表2　2012年设施蔬菜和食用菌、瓜果类亩收入分析　（元）

设施种类	温室	大棚	中小棚	设施平均
蔬菜和食用菌	8 949.04	5 999.10	4 851.01	7 772.57
瓜果类	40 416.24	7 905.98	5 434.25	12 356.82

注：数据来源于《2013年北京统计年鉴》

3. 北京甜瓜产业发展大有前途

近20年北京市甜瓜年平均总产量为1.9万吨，其中，在2000年总产量最高达3.66万吨，随后种植面积下降产量逐渐降低，直到2010年才又恢复到2万亩左右。市内甜瓜（仅以哈密瓜为例）2002年以来消费总量则持续上涨，从2002年的2.4万吨到2012年达14.6万吨，而全市2012年甜瓜总产量仅有3.0万吨，仅占哈密瓜消费量的20.89%，从供需量来说北京市甜瓜产业发展有极大的发展空间（图2）。

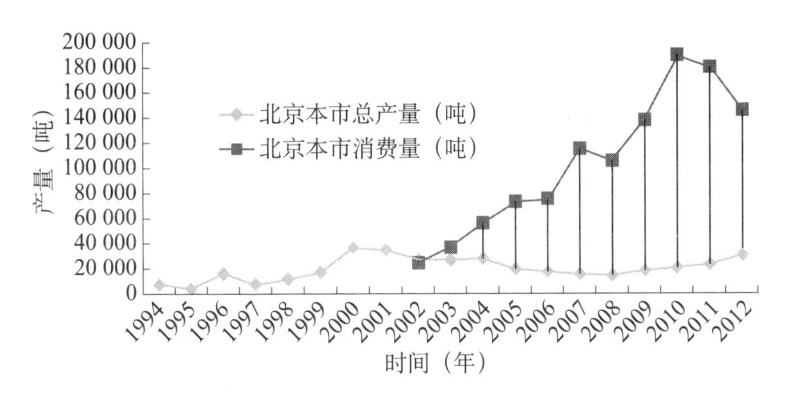

图2　1994—2011年北京市甜瓜产量与消费量

注：数据来源于《北京统计年鉴》

（二）北京市甜瓜产业现状

1. 种植区域呈点片状分布，顺义和大兴为主栽区域

2013年11月对京郊6个区县、10个主要乡镇的13个村364户农民进行了问卷调研。从调研的数据来看，13个村庄中仅有6个村庄种植了甜瓜，种植面积为68.2亩（图3）。据分析，以顺义区后陆马和大兴区西梨园种植面积比较大，分别占总种植面积的39%和34%，而延庆县陈家营和房山区薛庄村分别占总种植面积的13%和10%，其余两个村种植甜瓜的面积比较少，仅占总种植面积的2%。

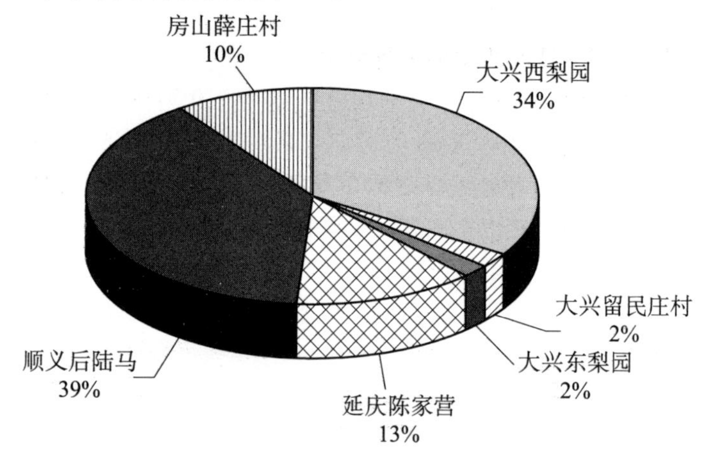

图3　北京市主要区域甜瓜种植面积比例

注：数据来源于北京市西甜瓜创新团队调研。

目前北京市甜瓜的种植区域呈点片状分布。其中，顺义、大兴、延庆、房山、昌平等均有点状种植，但以顺义和大兴的种植面积居多，部分村庄成片种植。2013年顺义种植甜瓜4 400亩，李桥镇北河村、沿河村以及李遂镇东营村、李庄村种植厚皮甜瓜2 000亩以上，杨镇松各庄和大孙各庄镇后陆马村种植薄皮甜瓜1 000亩左右；大兴区庞各庄镇西梨园、大兴区礼贤镇黎明村以及大兴区榆垡镇西黄垡村等也呈一定的种植规模。

2. 种植模式以设施栽培为主，春大棚为主要栽培模式

从2004年到2012年北京市西甜瓜种植模式发生了变化，设施栽培面积不断增加，从2004年占51.58%到2012年增加到占75.25%，其中，2008年以后设施西、甜瓜的播种面积稳定在

70%以上，只有不足30%的西甜瓜种植采用露地栽培（图4）。

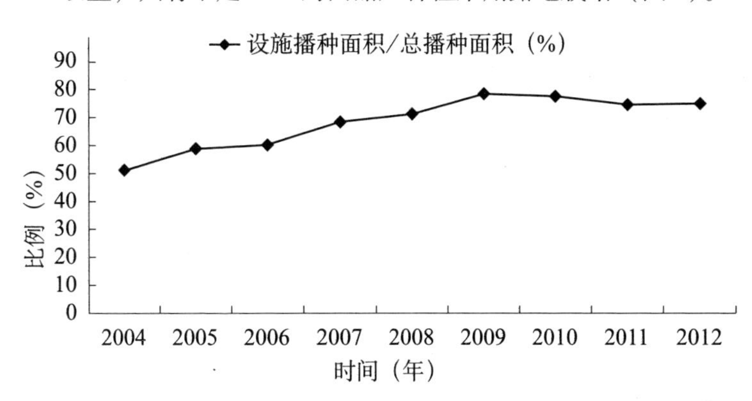

图4　2004—2012年北京市设施瓜类播种面积所占比例

注：数据来源于《北京统计年鉴》

而在设施栽培类型内部也有明显变化，温室西、甜瓜和大棚西、甜瓜的播种面积比例不断上升，中小棚西、甜瓜播种面积比例不断下降。其中，温室播种面积比例从2004年的6.82%提高到2012年的16.47%，大棚播种面积比例从2004年的42.95%提高到2012年的47.02%；而中小棚播种面积比例从2004年的50.23%降低到2012年的36.52%（图5）。

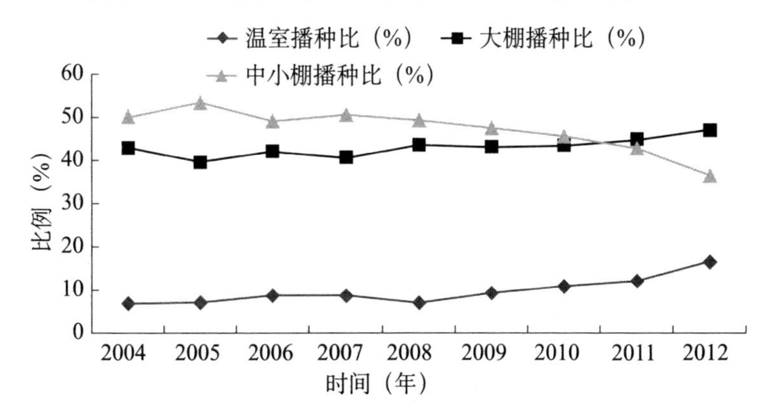

图5　2004—2012年北京市不同设施栽培瓜类所占种植面积比例

注：数据来源于《北京统计年鉴》

3. 甜瓜种植种类以厚皮甜瓜为主，薄皮甜瓜成为后起之秀

2013 年 11 月，北京市西甜瓜创新团队对京郊 6 个区县、10 个主要乡镇的 13 个村 364 户农民进行了问卷调研，其中，只有 41 户种植了甜瓜，其中，厚皮甜瓜 19 户，薄皮甜瓜 22 户，分别占总户数的 5.3% 和 6.1%。厚皮甜瓜产量高于薄皮甜瓜，其中，厚皮甜瓜亩产量为4 150.0千克，薄皮甜瓜亩产量 2 884.2 千克，但是薄皮甜瓜比厚皮甜瓜亩收入多 511 元，薄皮甜瓜成为后起之秀（表 3）。

表 3　北京市甜瓜类型种植状况

甜瓜类型	户数（户）	面积（亩）	亩产量（千克）	亩收入（元）
厚皮甜瓜	19	28.0	4 150.0	5 738.9
薄皮甜瓜	22	40.2	2 884.2	6 250.0

注：数据来源于北京市西甜瓜创新团队调研。

4. 农民的种植水平中等偏上，生产中还存在诸多问题

从北京市统计数数据来看，北京市甜瓜产业的种植水平呈现先增后降的种植趋势（图 6），其中，1996 年亩产最高，达到 3 776.08千克/亩，而近 20 年的平均亩产仅有 2 336.87 千克/亩，平均年总产 1.98 万吨，分析原因亩产量主要与种植方式、种植品种有关。从 2013 年调研数据来看，19 户种植厚皮甜瓜的农民平均亩产达 4 150.0 千克，亩收入 5 738.9 元，而 22 户种植薄皮甜瓜的农民平均亩产 2 884.2 千克，亩收入 6 250.0 元。从目前的产量来看，厚皮甜瓜的亩平均产量处于全国中等偏上的水平，而甜瓜的种植水平与其他地方相比，还存在很大差距。

从技术水平来看，目前甜瓜生产上主要存在品种混杂、育苗成活率低、施肥过多且不精准、植株管理不当造成不好坐瓜、连作及温湿度管理不当造成病虫害严重以及生产中还存在畸形瓜、裂瓜、斑点瓜等，亟需研究推广先进的生产技术。

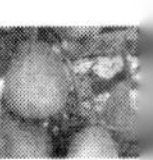

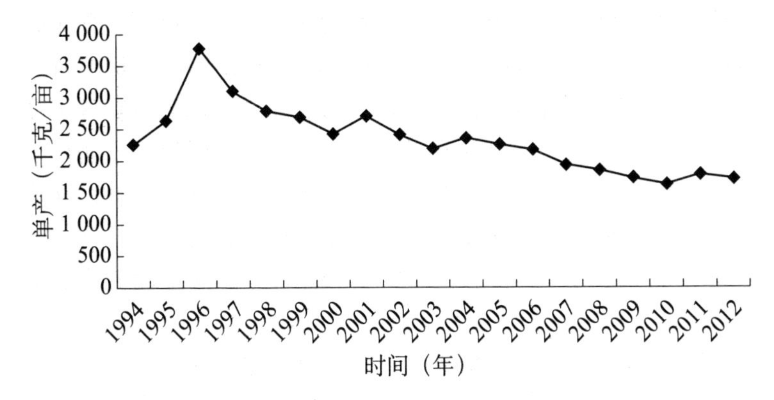

图6　1994—2011 年北京市甜瓜平均单产

注：数据来源于《北京统计年鉴》

（三）北京市甜瓜产业存在的问题

1. 品种亟需更新

薄皮甜瓜，厚皮甜瓜（光皮厚皮甜瓜、哈密瓜、洋香瓜）北京均有种植，其中又以厚皮甜瓜为主。2013 年 11 月对 500 名消费进行问卷调研，调查表明（表 4），哈密瓜和薄皮甜瓜的品种渗透率、市场占有率以及市民喜爱程度非常高，而厚皮甜瓜则较低。而目前我市种植的甜瓜则主要以厚皮甜瓜为主，这与消费者的需求存在着差异，因此，应引进筛选适宜京郊种植的薄皮甜瓜及哈密瓜进行示范推广。

表 4　北京市甜瓜种类市场需求调研　　（%）

	品种渗透率	市场占有率	喜爱度
哈密瓜	83. 23	42. 24	45. 34
薄皮甜瓜	80. 12	50. 31	46. 89
厚皮甜瓜	33. 85	7. 14	7. 45
其他	0. 62	0. 31	0. 31

注：数据来源于北京市西甜瓜创新团队调研。

最近两年，北京市薄皮甜瓜种植面积在逐步增加，尤其是绿皮绿肉的薄皮甜瓜更受欢迎，而就绿皮绿肉的甜瓜品种来讲，存在两方面的问题。对于近两年开始种植薄皮甜瓜的区域来说（如顺义区松各庄村）种植品种较多，包括京蜜 10、京香脆玉、绿宝、墨宝等近 10 个市场成熟品种，但没有形成主流品牌；而对于有常年种植甜瓜的区域来说（如顺义后陆马）种植品种主要是竹叶青，比较单一，该品种虽然有一定的销售渠道，但是产量低，亟需类似的新品种进行更新。

2. 有待推广先进技术

虽然近几年北京市农业技术推广站陆续研究集成并推广了育苗嫁接技术、双幕覆盖抢早技术、微喷带节水技术、菌肥增温技术、蜜蜂授粉省工技术、薄皮甜瓜一茬多果技术等一系列高产高效生产技术，但是由于农民技术水平、文化程度、投入水平以及受温室现状的限制，目前该系列技术在生产中应用的程度还不高，需要进一步加强推广。

3. 病虫问题严重

种植甜瓜的设施内连作障碍、土壤次生盐渍化等是设施栽培发展的瓶颈，同时，病虫害对甜瓜生产带来极为不利的影响，尤其是甜瓜猝倒病、白粉病、根结线虫等很难彻底消除，极易泛滥成灾，对甜瓜生产影响极大。

4. 生产不够规范

由于目前甜瓜生产基本以一家一户为主，其小规模分散经营很难监管。种子购买渠道繁杂，个别地方存在假种子；育苗方面由于对育苗厂家不信任及价格的影响很少有农民购买种苗，一般是自己育苗，死苗率比较高；农药品牌也多而杂，农民难以选择，同时也存在使用量大等不规范的现象；肥料多采用粪肥加化肥的施肥方式。但是有些农户用的粪肥没有进行腐熟或带有病菌，而化肥则存在施肥不平衡的现象。针对以上存在的生产不够规范的问题，亟需研究和推广部门更新地方生产规范，同时希望能有进一步的农资产品打包入户。

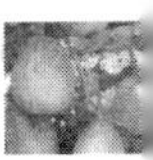

5. 品种意识淡薄

各区县农民种植甜瓜时，常常不考虑甜瓜的品种和市场受欢迎的程度。一是新品种、好品种不易获得种子，二是有怕的心情，不知新品种的特点，担心弄不好会减产、死秧。为此应加强示范推广工作和保证有足够的优良品种的种子。

第二章

甜瓜生物学特性和对环境的要求

一、甜瓜的形态特征

（一）根

甜瓜为直根系植物，根系由主根、多级侧根和根毛组成，90%的根毛生长于侧根上，根毛是吸收水分和矿物质营养的主要器官。

甜瓜根系发达程度仅次于南瓜和西瓜，主根垂直向下生长，入土深度可达1.5米以上，侧根水平伸展范围可达3米左右，但主、侧根主要分布于土壤表层30厘米左右的耕作层。甜瓜根系的特征因品种而异，厚皮甜瓜的根系较薄皮甜瓜的根系强健，分布范围更广更深，耐旱、耐贫瘠能力强，但薄皮甜瓜的根系较厚皮甜瓜更耐低温、耐湿。

甜瓜根系好氧，生长好坏与土壤结构和土壤水分有关，土壤黏重或田间积水都不利于生长发育。甜瓜发根早，二片子叶展开时，主根长度就可达15厘米以上，并且根系容易木栓化，恢复能力弱，伤根后很难恢复，所以适宜采用营养钵、营养土块等护根措施育苗，且苗龄不宜过大，争取提早定植。

甜瓜根系随地上部生长而迅速伸展，地上部伸蔓时，根系生长加快，侧根数迅速增加，坐果前根系生长分化及伸长达到高峰，坐果后，根系生长基本处于停顿状态。因此，应在瓜秧生长前期、中期促进根系生长，以达到最适状态。

（二）蔓

甜瓜是一年生蔓性草本植物，茎中空，有条纹或棱角，茎

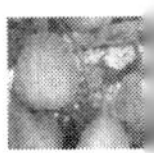

蔓上着生卷须，属于攀缘植物。在茎蔓上着生叶片的地方叫节，两片叶间的茎叫节间。甜瓜子叶节以下部分，统一称下胚轴。甜瓜具有很强的分枝能力，由幼苗顶端伸出的蔓为主蔓，在主蔓可伸出一级侧枝（子蔓），一级侧枝上可发生二级侧枝（孙蔓），以至三级、四级侧枝等。只要条件允许，甜瓜可无限生长，在一个生长周期中，甜瓜的蔓可长到2.5～3米或更长。甜瓜在白天的生长量大于夜间，夜间的生长量仅为白天的60%左右。

甜瓜主蔓上发生子蔓，第一子蔓多不如第二、第三子蔓健壮，在栽培管理常不选留，因而一般甜瓜子蔓的生长速度会超过主蔓。生产上苗期摘心可以促进侧枝的发生，选留两条或3条侧蔓作为结果枝；中后期摘心可以控制植株的生长。

（三）叶

甜瓜叶为单叶、互生、无托叶。不同类型、品种的甜瓜叶片的形状、大小、叶柄长度、色泽、裂刻有无或深浅以及叶面光滑程度都不同。多数厚皮甜瓜叶大，叶柄长，裂刻明显，叶色较浅，叶面较平展，皱折少，刺毛多且硬；薄皮甜瓜叶小，叶柄较短，叶色较深，叶面皱折多，刺毛较软。同一品种不同生态条件下，叶片的形状也有差异，水肥充足，生长旺盛，叶片的缺刻较浅；水分过多时，叶片下垂叶形变长。水肥过量，光照不足，叶片大而薄，光合作用能力偏低，对生长发育不利。叶柄通常长8～15厘米，肥水过多，光照弱，叶柄伸长，叶片色淡而薄，坐果性差，这是徒长的生态特征，生产上通过调控水、肥、温度等环境及整枝方式控制徒长。

（四）花

甜瓜花有雄花、雌花和两性花3种。甜瓜花的性型具有丰富的表现，在栽培甜瓜中最常见的是雄全同株型（雄花、两性花同株）、雌雄异花同株型，其雄花、两性花的比例均为

1:（4~10）。绝大多数厚皮、薄皮栽培品种均是雄全同株型。当两片子叶充分展开，第一片真叶尚未展开时花芽分化已经开始，花芽分化开始的时间厚皮甜瓜和薄皮甜瓜大致相同，但分化的速度不同，厚皮甜瓜较薄皮甜瓜快。

发育充分的甜瓜花是否开放及开放的速度，主要与温度有关。从花冠松动到盛开，一般需要20分钟的时间，温度上升快，开放的时间短，同时，开花与空气湿度有关，低温高湿开花延迟，开花速度慢，开放的时间长。高温低湿，其花早开，开放快，开放的时间短，每朵花只开放1次。

（五）果实

甜瓜果实为瓠果，侧膜胎座。果实由子房和花托共同发育而成，果实的形状、大小、颜色、质地、含糖量、风味等特性因品种不同而多种多样，各具特色。甜瓜果肉质地有脆、面、软而多汁、松脆多汁、柔、艮等；果肉纤维有多有少，口感有粗细之分。果肉的厚度差别比较大，厚皮甜瓜果肉厚2.5~5厘米，果皮厚0.3~0.5厘米，质韧不可食用。薄皮甜瓜果肉厚1~2.5厘米，果皮厚0.1~0.2厘米，质脆。

甜味是甜瓜品质好坏的主要因素，甜味主要来源于所含的糖分，成熟的甜瓜果实主要含有还原糖（葡萄糖、果糖）和非还原糖（蔗糖），其中蔗糖占全糖的50%~60%，通常用可溶性固形物的含量衡量甜瓜果肉的含糖量，厚皮甜瓜可溶性固形物的含量一般在12%~16%，最高可高达20%以上；薄皮甜瓜溶性固形物的含量一般在8%~12%。

（六）种子

甜瓜种子由胚珠发育而成。成熟的甜瓜种子由种皮、子叶和胚3部分组成。子叶占有种子的大部分空间，富含脂类和蛋白质，为种子萌发贮藏丰富的养分。甜瓜种子形状多样，有披针形、长扁圆形、椭圆形、芝麻粒形等多种形态。甜瓜种子的

寿命通常为5～6年，种子含水量低，在干燥阴凉的条件下，种子寿命可大大延长，中国新疆、甘肃室内自然保存期可达15～20年，一般地区干燥器内密封保存可达25年，而不丧失发芽能力。

二、甜瓜生长发育特性

不同品种的甜瓜生育期长短差异很大（短的65天，长的150天），但各类甜瓜都经历相同的生长发育阶段，即发芽期、幼苗期、伸蔓孕蕾期和开花结果期。

（一）发芽期

从播种至第一真叶露心，10～15天，主要依靠种子自身贮藏的养分生长，以子叶面积的扩张、下胚轴伸长和根量的增加为主。厚皮甜瓜种子发芽的适宜温度范围为25～35℃，最适宜的温度是28～33℃；薄皮甜瓜最适范围是25～30℃，15℃（有些薄皮甜瓜12℃）以下不能发芽。发芽的最高温度为42℃，42℃以上的高温时，2天后种子死亡。甜瓜种子生长需要吸收种子绝对干重的41%～45%的水分，种子吸水后体积增大，种皮破裂，代谢加快。若供水不足，特别是种子露白时水分少，则易产生芽干现象；水分过多氧气不足时，种子难以正常萌发。甜瓜与其他作物一样，种子发芽时对光的反应属于嫌光性，在黑暗和较黑暗的条件下发芽良好，而在有光的条件下发芽不良。

（二）幼苗期

从第一片真叶露心到第五片真叶出现为幼苗期，约25天左右。此期根系旺盛生长，花芽分化形成，幼苗生长量较小，全生育期仅发生5片真叶。此期以叶的生长为主，茎呈短缩状，植株直立。幼苗植株地上部分虽然生长缓慢，但这一阶段却是幼苗花芽分化、苗体形成的关键时期，主蔓已分化20多节，与栽培有关的花、叶、蔓都已分化，苗体结构已具雏形。在日温25～30℃，夜温17～20℃，日照12小时的条件下花芽分化较早，雌花着生节位低，花芽质量较高，2～4片真叶期是分化的旺盛期。

（三）伸蔓期

从第五片真叶出现到第一朵雌花开放，需20～25天。此时地下部、地上部都生长旺盛，花器官逐步发育成熟；生长量逐渐增加，以营养器官的生长占优势。这一时期，根系迅速向水平方向和垂直方向扩张、吸收量不断增加，侧蔓不断发生，迅速伸长。茎叶生长适宜的温度是白天25～30℃，夜间16～18℃，若长期13℃以下或40℃以上会造成生长发育不良。在伸蔓的营养生长阶段，幼苗同时不断进行细胞分裂，发育长大。为使营养生长适度而又不徒长，此后的开花坐果（生殖生长）又不受影响，这时应及时整枝，对茎叶生长进行适当调整。因此，伸蔓期是田间管理的重要时期。

（四）结果期

从第一朵雌花开放到果实成熟。生育期不同的甜瓜主要是结果期长短的差异。早、中、晚熟品种之间有显著差异。早熟的薄皮甜瓜结果期仅20天左右，晚熟的厚皮甜瓜结果期可长达70天以上。此期营养生长由旺盛变为缓慢，生殖生长旺盛，这一时期以果实生长为中心，根据果实形态变化及生长特点的不同，结果期又分前期、中期和后期3个时期。

1. 结果前期即坐果期

从留果节位的雌花开放到果实退毛为止，又称坐果期，约需7～9天，是决定坐果的关键时期。结果前期，幼果的体积和重量虽然增加不多，但植株的营养状况不仅关系到能否及时坐果和避免落花落果，而且对果实的发育也有很大影响。因此，要及时进行植株调整，防止茎叶徒长，促使养分向果实运输，

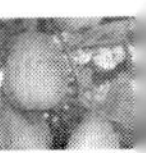

以促进幼果膨大应是这一时期的主要工作。

2. 结果中期即膨瓜期

从果实退毛开始到果实成形时止，又称膨瓜期。早熟小果品种需 13～16 天，中熟品种 15～23 天，晚熟大果型品种 19～25天，是决定瓜个大小、产量高低的关键时期。这一时期水、肥、光照等条件的好坏可显著影响果实肥大的程度和物质积累的多少，因此，结果中期是决定果实最终产量的关键时期。

3. 结果后期也即成熟期

从瓜果成形到果实充分成熟时止，又称成熟期，此期果肉内物质进行转化，果皮有色泽，果肉有甜味、香味。早熟品种 14～20 天，中晚熟品种 20 天以上甚至更长，是决定品质好坏的关键时期。

三、甜瓜对环境的要求

（一）温度

甜瓜起源于热带地区，生长发育要求温暖的环境条件，整个生长期间要求有较高的积温。甜瓜喜温暖，各生育阶段对温度要求的严格程度不同，种子发芽最适温度 28～33℃，最低温度为 15℃；根系生长最适温度 22～30℃；茎叶生长最适温度 25～30℃；开花最低温度为 18℃，适温 20～25℃，果实发育期适温 30～33℃。结果期要求严格，必须安排在适宜的季节或环境里；结果之前，特别是幼苗期较耐低温，因此，在保护地栽培前期温度较低，但不影响后期的开花结果，薄皮甜瓜耐低温的能力较厚皮甜瓜强，不同生育期对温度要求不同。

甜瓜最适合大陆性气候，在适宜温度范围内，要求有较大的昼夜温差。茎叶生长期适宜的气温日较差为 10～13℃，结果期温差为 12～15℃。保护地栽培可人为控制温度，能保证结果期有大的日较差，因此能生产出比露地更优质的甜瓜。设施甜瓜栽培，结果期适宜夜温为 17～19℃，最高不能超过 25℃。甜瓜根系适应较小的昼夜温差，设施内白天25℃，最高33℃，最低16℃；夜间20～23℃。地温变化较小，特别是当地面被茎叶覆盖，土壤含水量较多时，变化幅度更小。

（二）湿度

1. 空气湿度

甜瓜生长发育适宜的空气相对湿度为50%～60%，薄皮甜瓜还可以适应更高的相对湿度，甜瓜地上部忍受低湿的能力较强，只要土壤水分充足，甜瓜可以忍受30%～40%甚至更低的空气相对湿度，而且生长发育正常，长时间80%以上的空气湿度，既影响水分、矿质营养代谢和光合作用，而且易患病害。不同生育阶段，甜瓜植株对空气湿度适应性不同。开花坐果之前，对较高和较低的空气湿度适应能力较强，开花坐果期对空气湿度反应敏感。开花时空气湿度过低，雌蕊柱头容易干枯、黏液少，影响花粉的附着和吸水萌发。空气湿度过高甚至饱和湿度时，则花粉容易吸水破裂。

2. 土壤湿度

不同生育期，甜瓜对土壤湿度有不同要求。播种、定植要求高湿；坐果之前的营养生长阶段要求土壤最大持水量60%～70%；果实迅速膨大至果实停止膨大要求达80%～85%；果实停止膨大至采收的成熟期要求55%的低湿。

开花坐果前保持适中的土壤湿度，既保证营养生长所必需的水分，又不致因水分过多造成茎叶徒长。结果前期、中期，果实细胞急剧膨大，为促进果实迅速、充分膨大，必须使土壤中有充足的水分，否则将影响产量；果实体积停止膨大后，主要是营养物质的积累和内部物质的转化，水分过多会降低果实品质，并易造成裂果，降低贮运性，因此应控制土壤水分。

（三）光照

甜瓜要求充足而强烈的光照。甜瓜正常生长期间要求每天10～12小时以上的日照。日照时数短，植株生长势减弱，光合产物减少，坐果困难，果实生长缓慢，单果重减少，含糖量降低，缺少香气，风味下降。在每天14～15小时日照下，侧蔓发生提早，茎蔓生长加快，子房肥大，开花坐果提早，果实生长迅速，单果重增加，成熟期提早，品质提高。

（四）土壤

甜瓜属于直根系植物，根系发达，入土深广，吸收力强，能充分利用土壤中的矿物质元素和水分。特别是厚皮甜瓜根系更强大，吸收能力更强，并有一定的抗旱、耐盐碱、耐瘠的能力。

最适宜甜瓜生长发育的土壤是土层深厚，有机质丰富，肥沃而通气性良好的壤土或沙质壤土，土壤固相、气相、液相各占1/3的土壤为宜，沙质土壤增温快，更利于早熟。甜瓜根系适于生长的土壤酸碱度为pH值6.0～6.8，能耐受一定程度的盐碱，当pH值8.0～9.0的碱性条件下，甜瓜仍能生长发育。

第三章 保护地薄皮甜瓜栽培技术

一、品种选择

（一）分类地位

甜瓜属葫芦科黄瓜属。一年生蔓性草本植物，是一种世界性的重要水果。在植物学上“甜瓜”泛指 *Cucumis melo* L. 的各种类型。中国是甜瓜的重要起源地，生产历史悠久，早在3 000多年前甜瓜栽培就遍及全国各地。中国是甜瓜次生起源中心，原产东部的薄皮甜瓜（sp. *Conomon*）和原产西北部的厚皮甜瓜（sp. *Melo*），分别为国际甜瓜分类中的两大亚种，是十分珍贵的种质资源。直到今天，中国仍然是世界上甜瓜的资源大国、生产大国和出口大国。甜瓜在中国西部有着悠久的栽培历史和发展潜力，新疆、河西走廊、兰州所产的哈密瓜、白兰瓜其醇如饴、其味如蜜，驰名中外。

（二）种质资源

我国绿洲甜瓜种质资源非常丰富。以新疆而论，栽培历史在1 600年以上，在有争议的起源地区问题上，新疆可能是次生起源中心。有研究者用大量的品种参试，通过遗传多样性的SRAP分析，薄皮甜瓜与厚皮甜瓜是亲缘关系最远的两大类。

1. 薄皮甜瓜（包括东方甜瓜、香瓜、梨瓜）

薄皮甜瓜是甜瓜中原产中国的果形较小、果皮较薄、生

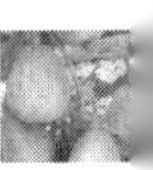

长势较弱、可适应于温暖湿润气候下栽培的一类，统称薄皮甜瓜。包括地方品种及不同品种间杂交育成的品种或一代杂种。梨瓜则为薄皮甜瓜的优良品种。香瓜为部分地区对薄皮甜瓜的统称。

2. 厚皮甜瓜（包括哈密瓜、白兰瓜、洋香瓜）

厚皮甜瓜是甜瓜中果型较大、果皮较厚、生长势较强、适宜于大陆性气候条件下栽培的一类，统一称为厚皮甜瓜。包括地方品种及厚皮甜瓜品种间杂交育成的品种或一代杂种。根据果皮有无网纹可分为网纹甜瓜和光皮甜瓜。

哈密瓜传统上指的是产于新疆的橄榄型甜瓜，果皮有网纹，有特殊香味，近年来则把厚皮甜瓜中的椭圆型网型甜瓜皆称为哈密瓜。白兰瓜又名兰州蜜瓜，原名华莱士，原产于法国。中国的白兰瓜是从美国引入的栽培种，成为兰州的特产。洋香瓜是厚皮甜瓜的泛称，但在中国台湾省和日本，多指果皮有网纹、果型圆形或高圆形、肉质软、有特殊香味的厚皮甜瓜。

为改善薄皮甜瓜的品质、耐贮性和厚皮甜瓜的适应性，广泛开展厚皮、薄皮甜瓜间杂交育种和杂交一代利用，出现了众多的中间新类型，有的倾向于厚皮甜瓜，而另一些倾向于薄皮甜瓜，对于这些类型尚缺少研究，暂无适当的称谓。

二、适合北方保护地种植的薄皮甜瓜品种

（一）金玉满堂

植株生长势中等，子蔓、孙蔓均可坐瓜。果实发育期30～33天，果实卵形，果型指数1.20；果面光滑有浅沟，从脐部向中间延伸，逐渐变浅。果皮淡黄色，薄，果脐较小，单果重大

约0.23千克，果肉白色，肉厚大约2.0厘米，种腔大约7.5厘米×3.5厘米，瓤白色；中心可溶性固形物含量可达13%以上，肉质细腻，口感清香脆甜，白粉病苗期室内接种鉴定病情指数33.31，抗病（图7）。

图7 “金玉满堂”薄皮甜瓜

（二）京雪5号

植株生长势中等，子蔓、孙蔓均可坐瓜。果实发育期30～33天，果实梨形，果型指数1.09；果面光滑有浅沟，从蒂部、脐部向中间延伸，逐渐变浅。果皮白色，成熟后果表呈不均匀淡黄色斑块，果脐较平，单果重大约0.25千克，果肉白色，肉厚大约2.2厘米，种腔大约6.8厘米×4.5厘米，瓤白色；中心可溶性固形物含量可达13%以上，肉质细腻，口感清香脆甜，脆甜口感保持时间可达2周。白粉病苗期室内接种鉴定病情指数22.43，高抗（图8）。

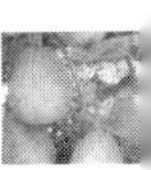

图8 “京雪5号”薄皮甜瓜

（三）北农翠玉

植株生长势中等，子蔓、孙蔓均可坐瓜。果实发育期33～36天，果实梨形，果型指数0.89；果面光滑有浅沟，从脐部向中间延伸，逐渐变浅。果皮绿色，完全成熟后果表呈不均匀淡黄色斑块，果脐较平，单果重大约0.24千克，果肉翠绿色，肉厚大约2.5厘米，种腔大约6.6厘米×6.8厘米，瓤淡黄色；中心可溶性固形物含量可达13%以上，肉质细腻，口感酥脆香甜，白粉病苗期室内接种鉴定病情指数28.33，抗病（图9）。

图 9　“北农翠玉”薄皮甜瓜

（四）京脆香园

植株生长势较强，子蔓、孙蔓均可坐瓜。果实发育期 29～33 天，单果重大约 0.25 千克，果实卵形，品比试验果型指数 1.16；果面光滑，果皮底色乳白，果柄处有绿色，向果脐逐渐变淡消失；果肉厚大约 2 厘米，白色，果瓤白色；中心可溶性固形物含量可达 13% 以上，口感清香脆甜（图 10）。

图 10　“京脆香园”薄皮甜瓜

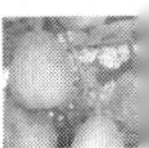

（五）花蕾

中早熟，坐果后26天左右成熟，果实正梨圆形整齐一致，果实金黄色带绿斑条点，长势强壮，抗病性强，肉厚腔小，肉质松脆，中心可溶性固形物含量可达14%～16%以上，子孙蔓均可结瓜，坐果率高，每株可结5～6个，平均单瓜重400克左右，耐运输，货架期长（图11）。

图11　“花蕾”薄皮甜瓜

（六）绿宝2号

果实扁卵圆形，果面光滑，果皮深绿色，口感酥脆，中心可溶性固形物含量13%～15%，耐低温，早春子蔓易坐果，采用多果多茬技术，每株可结5～7个，单瓜重300～400克，抗病性好，抗逆性佳（图12）。

图 12 “绿宝 2 号”薄皮甜瓜

（七）京雪 2 号

植株生长势中等，子蔓、孙蔓均可坐瓜。果实发育期 26 ~ 30 天，果实卵形，纵腔 × 横腔为 11. 2 × 10. 3 厘米；果面光滑有浅沟，从蒂部向中间延伸，逐渐变浅。果皮白色，果脐较平，单果重大约 0. 28 千克，果肉白色，肉厚大约 2. 2 厘米，瓤白色；中心可溶性固形物含量可达 13% 以上，肉质细腻，口感清香脆甜（图 13）。

图 13 “京雪 2 号”薄皮甜瓜

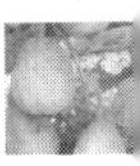

（八）口口脆

薄皮甜瓜杂交一代品种，易坐瓜，果皮深绿色，肉绿色，皮薄肉脆，香味浓郁，中心可溶性固形物含量12%～14%，单瓜重400～600克，抗病强，一株可留4～6果，比薄皮甜瓜产量高50%以上（图14）。

图14　“口口脆”薄皮甜瓜

（九）羊角脆

精选羊角脆品种，子蔓、孙蔓均可坐瓜。果皮浅灰绿色，瓜呈牛角状，果长30厘米左右，果实横径约10厘米，单瓜重大约1千克，果肉黄绿色，肉质酥脆，汁多味甜，含糖量12%，甜度适中，清热解暑，是夏季鲜食之佳品。亩产4 000千克左右。

保护地、露地地均可栽种。3月下旬种植，行距120～150厘米，株距60～70厘米，亩留苗800～1 000株为宜，主蔓4叶摘心，孙蔓3叶摘心，子蔓孙蔓均可坐瓜。保护地栽培可采用单蔓或双蔓整枝，单蔓整枝2 000株/亩，双蔓整枝1 400株/亩。株蔓22片叶摘心。注意病虫害的防治，多施腐熟饼肥，以及磷钾肥，以促优质丰产（图15）。

图 15　“羊角脆”薄皮甜瓜

（十）竹叶青

北京地方品种，早熟，授粉后 30 天左右成熟，香甜爽脆，过熟时发面，单瓜重 200 克左右，浅绿色，成熟时发亮白，有棱沟。子蔓孙蔓均可坐瓜，早熟栽培以子蔓坐瓜为主（图 16）。

图 16　“竹叶青”薄皮甜瓜

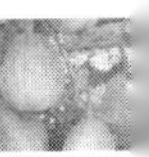

三、播种前准备工作

（一）营养土配置

为了保证甜瓜幼苗良好的生长发育，育苗土应选用保水、保肥、通气性好和营养含量适中的营养土。北京地区常用的营养土配置有鸡粪与田园土 1∶3，田园土选择未种过瓜类作物的土壤；草炭与田园土 3∶7，废旧蘑菇渣料与田园土 2∶1（图17）。

图 17　营养土配置

（二）种子催芽前处理

1. 温汤浸种

温汤浸种方法简单，易于操作，使用广泛，此法可以杀灭种子表面的病菌以及种子内部的病毒。具体操作是将种子放入种子量 3～4 倍的 55～60℃ 热水中浸烫（55℃ 是病菌的致死温度），并进行搅拌。待水温降至 40℃ 左右时，停止搅动，浸种 3～6小时（浸种时间视种子大小、新旧、饱瘪、种皮薄厚及浸种温度而定），使种子充分吸水后沥干待催芽。

2. 常规药剂消毒

◎防治枯萎病和炭疽病，可用100倍液福尔马林浸种30分钟。

◎防治蔓枯病选用无病种子，或者用40%甲醛100倍液浸种15分钟。

◎防治细菌性角斑病，选用无病株、无病瓜留种，用次氯酸钙300倍液浸种30～60分钟或者用硫酸链霉素5 000倍液浸种2小时后用5%盐酸溶液浸种5～10小时，再用清水冲净晾干。

药剂消毒达到规定的处理时间后，用清水洗净，然后在30℃的温水中浸泡3个小时左右，浸种时间不宜过长或过短。时间过短，种子吸水不足，出芽慢，易带帽出土；时间过长，种子吸水过多，易裂嘴，影响发芽。一般饱满的新种子浸种时间可适当延长，为4小时左右，陈种子、饱满度差的种子浸种时间稍短，2～3小时。另外，需要严格掌握药剂浓度和处理时间才能收到良好的消毒效果。

3. 种子药剂包衣处理

称量需要进行包衣处理的甜瓜种子重量，以便计算需要加入的药剂数量。处理前先把种子放到准备好的塑料自封袋中（注意检查自封袋的密封性），并将药剂摇匀，然后按照药剂与种子重量比为1：20的比例将药剂加入自封袋中，在自封袋中留有一定体积的空气后将自封袋封好密闭。用手握住自封袋后用力摇晃，使自封袋中的药剂与种子充分混合均匀。将包衣之后的种子从自封袋中倒出摊开，放在阴凉通风处，把种子晾干。所有经过药剂包衣处理后的种子可直接播种，不再需要进行任何浸种催芽处理。

（三）种子催芽

薄皮甜瓜用大南瓜籽作砧木，砧木与接穗催芽方法相同，将毛巾或湿布用开水浸烫后拧干平铺，再把浸泡好并沥干的种子均匀的平铺在布上，覆盖1～3层纱布，最外面覆上一层塑料薄膜，

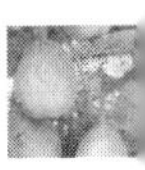

放于28～30℃恒温环境下催芽。没有恒温箱可以用火炕或者电热毯等保温。催芽过程中注意温湿度以及空气的调节，每天将种子取出1～2次，用温水冲洗，沥干后重新放回恒温箱。温湿度适宜的条件下24小时后种子开始破芽，2～3天基本出齐。芽长以露白0.3～0.5厘米为佳，出芽过长，播种时芽容易折断或出土时芽顶土力弱。遇到不良天气不适宜播种时，将种子放在10～15℃条件下临时保存，降低芽的生长速度（图18）。

图18　种子催芽

（四）播种育苗

播种育苗的时间主要根据定植时期和苗龄确定，大棚栽培瓜苗的适宜时期以棚内10厘米处地温保持在12℃以上为宜(图19)，所以育苗过早、过晚都不好。使用大棚两层幕加中小拱棚技术可在1月中下旬开始播种，砧木播种时间比接穗播种晚10天左右即可，接穗播于育苗盘中，覆潮土0.5厘米。砧木播于营养钵中，胚根向下，覆潮土1.0～1.5厘米，为保温、保湿随即紧贴育苗盘或营养钵覆盖一层地膜（图20）。出苗前，白天温度25～30℃、夜间15℃以上为宜；4～5天后子叶出土时及时撤掉薄膜防止徒长。

图 19　甜瓜催芽后播种育苗

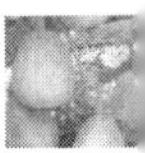

图 20　育苗盘或营养钵覆地膜保温、保湿

四、苗期管理

嫁接栽培能够预防枯萎病的发生，解决甜瓜连作障碍问题，也可增产增收，增加植株的抗寒性，促进植株迅速生长（图21）。

图 21　苗期管理

（一）砧木种子处理

使用大南瓜籽即可，为防止种子带菌，用40%福尔马林溶液100～150倍液浸泡30分钟或者用50%多菌灵可湿性粉剂500～600倍液浸泡1小时，冲洗干净后浸种。催芽方法同接穗催芽，播种采用常规育苗方法即可。出苗前，地温保持在25～30℃，一般5～6天出苗，出苗达到70%时，要及时揭去地膜，降低苗床的温度，防止徒长，白天温度在20～25℃，夜间保持在15～20℃，育苗期间如果不出现缺水现象尽量不浇水。嫁接前3天夜间温度应保持在15℃，早晨控制在12～13℃，白天小于30℃即可，湿度控制在80%以内，不放风。

（二）嫁接方法

按照蔬菜苗嫁接方法（图22），在幼苗下胚轴斜切后插入南瓜苗去顶叶后的开口处，并用嫁接薄膜封口或夹子夹住，仔细管理即可（图23）。关键是瓜苗和南瓜苗生长状况要尽量匹配。

图22　幼苗嫁接

图 23　甜瓜苗嫁接方法

（三）嫁接苗管理

1. 温度

为了使嫁接苗伤口愈合快一些，嫁接后 1 ~ 3 天，苗床白天温度控制在 28 ~ 30℃，夜间 18 ~ 21℃，期间可以用流滴膜覆盖保温，用电热床来控制温度的上升或下降。嫁接后 4 ~ 5 天，可以适当通风换气降低温度，白天 22℃，夜间不低于 15℃，随着砧木和接穗伤口的愈合，可保持一般的苗床温度进行管理（图 24）。

图 24　嫁接苗的管理

2. 湿度

嫁接前苗床浇透水，嫁接苗入床后，覆盖薄膜，以棚膜上出现水珠为宜，2～3 天内密闭不放风。嫁接 3～4 天后，要逐渐加大通风量和通风时间，但苗床内仍然要保持 85%～90% 的相对湿度。7～10 天后按正常苗床管理即可（图 25）。

图 25　保证苗床相对湿度

3. 管理

嫁接后 3 天内避免阳光直射苗床，使用黑色薄膜或纸被、遮阳网等遮蔽。嫁接后第 4 天，早晚除去遮盖物，避免瓜苗徒长。嫁接 1 周后，只在正中午时遮光，直到嫁接苗遇光不萎蔫后即可。嫁接 10 天后可完全撤掉遮盖物。嫁接成活后要及时摘除砧木上萌发的侧芽，定植之前一般摘除 3～4 次。

4. 炼苗

定植前一周将有病植株和生长不良的苗去掉，定植前 7～10 天对嫁接苗进行炼苗，白天温度控制在 22～24℃，夜间 13～15℃，一般嫁接后 25～30 天，苗子具有 3～4 片真叶时即可定

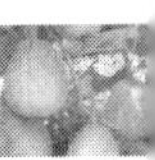

植（图 26）。

图 26　炼苗与定植苗新态

五、定植和管理

（一）整地做畦

薄皮甜瓜的主要根群呈水平状态生长，根系好气性强，土壤应选择深厚肥沃、土质疏松且通气性良好的沙壤土或壤土。大棚春早熟栽培，为了保证定植 10 厘米处土温稳定在 12℃，应提前 30 ~ 60 天扣棚膜，及时深翻土壤，施足底肥，每亩地施入充分腐熟的有机肥鸡粪 3 ~ 5 吨或者牛、羊、猪粪 3 ~ 4 吨，过磷酸钙 30 ~ 40 千克。定植前浇一次底水，待土壤晾干后整地起垄，南北垄向，建议单行定植，垄间距 1 米左右，垄背宽 30 厘米左右，垄高 30 厘米左右，起垄后覆盖薄膜保温（图 27）。

图 27　定植前整地做畦

（二）适时扣棚

不同设施扣膜时间不同，为了保证地温，塑料大棚可提前30～60天扣棚。河北乐亭、山东昌乐及北京大兴部分瓜农在早春栽培时提高地温的做法是先做两层天幕，做好定植畦，定植前浇透水，不覆地膜，这样可使白天的温度续集到土壤中，到了晚上，如遇低温，地气反热可以直接向上，不至于将幼苗冻死，如果铺上地膜，地气翻上来的热量受地膜的影响，在一定的温度条件下幼苗有可能会冻死。使用天幕覆盖技术，可以提高日光温室或塑料大棚内的温度，比正常定植可提前7～10天左右，能够使甜瓜提早上市。

（三）"双幕"薄膜的架设

覆盖薄膜宜采用2米宽，0.014毫米厚的聚乙烯无滴膜，这种薄膜保温、透光性好，且宽度适宜。

幕的骨架由铁丝搭建而成。每层幕单独搭建，于两侧棚门对应立柱的相同位置平行对拉5～7根铁丝，再用细铁丝将其固

定在棚顶上（铁丝间宽度约 1.8 米），形成拱架结构（与大棚拱架基本平行），作为骨架主体。外幕拱架要距棚顶 30 厘米以上，内幕拱顶高度以成人伸手够到为宜。内外幕骨架要保持平行，两者上下间距约 20 厘米。

两幕的膜间距离宜控制在 15 厘米以上，这样既利于保温，又能防止由于两膜间距离过近，造成薄膜粘连，影响保温效果。幕四周近地处薄膜用土盖严。

每块薄膜间用夹子连接，夹子要采用夹嘴约 1 厘米宽的塑料夹。

提早覆盖，大棚棚膜要提前 15 ~ 30 天覆盖，双幕覆盖宜同时完成，以利于提升地温（图 28）。

图 28　双幕薄膜架设方法

（四）定植时间

定植时间直接影响到甜瓜上市的早晚，早定植，温度低，不易成活，晚定植，影响上市时间，利用天幕覆盖，地膜加小拱棚栽培方式，可提早定植 7 ~ 10 天，当棚室内地下 10 厘米土层温度稳定在 15℃ 时，苗龄 30 ~ 35 天，3 ~ 4 片真叶大小时，选择无风晴朗的天气上午进行定植。北方大棚栽培于 3 月上旬或中旬定植即可。

（五）定植方法

选择晴朗无风的天气进行，薄皮甜瓜每亩定植 2 000 ~ 2 400株，株距 0.3 米，行距为 1.2 ~ 1.4 米。定植后大棚膜、两层幕、小拱棚都要密闭增温，地温最好保持在 25 ~ 27℃，白天温度控制在 30℃，夜间不得低于 15℃，交叉风口放风。栽培方法同常规栽培即可。

为了使两边的温度和中间的温度能保持一样，保证坐瓜节位整齐，授粉时间一致的问题，在棚宽 9 米以上的大棚，棚内靠近两边的瓜苗用 3 米弓子支拱棚，中间用 2 米的弓子支拱棚，这样两边拱棚可比普通栽培提高 2℃左右（图 29）。

图 29　瓜苗定植

（六）温、湿度光照管理

1. 温度

发芽期从播种到第一片真叶露心。发芽期正常为 5 ~ 10 天，最适发芽温度为 25 ~ 30℃，15℃以下不能发芽。发芽最高温度不能超过 42℃以上，如果持续 42℃以上温度 2 天，种子死亡。

幼苗期是从第一片真叶露心至第五片真叶出现为幼苗期

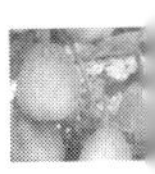

(团棵期)，需20～25天，温度为25℃。此期间植株地上部分生长缓慢，节间较短，呈直立生长。但此期间为花芽分化阶段，第一片真叶出现时，花芽分化已经开始，到第五片真叶出现时，主蔓已分化20多节。此时期需要良好的生育环境，以满足花芽分化和叶芽分化的要求，白天温度30℃，夜间温度25℃的条件下花芽分化最快，苗期温度与雌花着生节位关系很大，尤其夜温较白天温度的影响较大，考虑到早春外界温度较低，夜温控制在18～20℃较好（图30）。

图30　幼苗期管理

伸蔓期及孕蕾期是从第五片真叶出现到第一朵雌花开放为伸蔓期，20～25天，此时期地下和地上部分生长旺盛，建立强大的营养体系，是为果实膨大期奠定物质基础的关键时期，为防止植株生长过旺，通过水肥管理、及时整枝并对茎叶的生长做适当调整，来确保营养生长和生殖生长的平衡。此期间茎叶的生长适宜白天温度为25～30℃，夜温为16～18℃，如果长时间处于13℃以下或40℃以上，会造成生长发育不良等影响。

结果期是从第一雌花开放到果实成熟为结果期。结果期的长短与品种的特性有关。早熟的薄皮甜瓜结果期仅20天左右。此时期由营养生长转变为生殖生长。根据果实发育的特点，又可以分为结果前期，结果中期和结果后期。此时期白天温度控制在25～30℃，夜间不能低于10℃，如果上午棚温达到30℃需开风口通风，下午棚温降至25℃时需关闭风口，以保证夜温不会过低，以后随着外界气温的升高可逐渐加大通风量。根据当地终霜后10天左右，外界气温已达到甜瓜生长的需要，即可拆除棚内拱棚。

2. 湿度

甜瓜喜好通透性良好的沙壤土，土壤水分过多，根系缺氧，且易染病。甜瓜生长发育适宜的相对空气湿度为50%～60%，薄皮甜瓜比厚皮甜瓜较耐湿。甜瓜不同的生育时期对水分的要求不同，种子发芽期要求需水量大，播种前应充分灌水。幼苗时期因根系较浅，保持土壤湿润，土壤含水量为60%，营养生长阶段，空气湿度稍高和稍低影响不大，要求土壤最大持水量为60%～70%；开花坐果时期对空气湿度反应敏感，果实膨大期为80%～85%；果实成熟期，土壤湿度应稍降低，田间持水量保持在50%～60%。过高或过低容易引起裂瓜（图31）。

图31　湿度管理不当引起的裂瓜

3. 光照

甜瓜喜好强光，不耐阴，生育期间要求充足的光照，日照时间为每天 10～12 小时以上。光照充足，甜瓜的植株长势紧凑，节间和叶柄短，蔓粗，叶子大而肥；日照时数短，植株的生长势弱，坐果难，单瓜重减小，风味下降等。薄皮甜瓜较耐弱光且光的补偿点也较低。

4. 瓜蔓整枝

生产上常用的甜瓜整枝方式主要有单蔓整枝、双蔓整枝、三蔓整枝和多蔓整枝等。其中，单蔓整枝方式和双蔓整枝方式多用于地爬或立架（吊蔓）栽培方式；三蔓式或四蔓式整枝方式主要应用于爬地栽培（图 32）。

图 32　整枝

（1）单蔓整枝。主要用于温室、大棚早熟栽培，主蔓不进行摘心，在合适的节位（一般是 12～17 节）的子蔓上坐瓜，为防止化瓜、促进果实膨大，子蔓雌花前留 1～2 叶及时摘心。并要及时摘除主蔓留瓜节位以下侧芽和其他无雌花的子蔓。当主蔓长到 22～28 片叶时打顶，以利调节养分分配。瓜苗主蔓前期不摘心，6～7 片叶时用绳子将瓜苗主蔓吊好，植株 25 片叶时，主蔓 4～5 节（温室 5 节，大棚 4 节）以下长出的子蔓全部摘掉。主蔓 5～14 节长出的子蔓留 1～2 叶摘心留瓜并摘除其余生长点，当预留节位最低位的雌花开花当天，最上部的雌花刚放黄时，用坐瓜灵（氯吡脲，使用浓度按照说明书配制即可）连续喷瓜胎 5 ~ 6 个，在第一茬瓜选留 4 ~ 5 个果。根据棚室高度，22 ~ 30 片叶时摘心。第一茬瓜基本定个后，主蔓上部节位长出的子蔓可再次喷药留 2 批瓜，每批选留 2 ~ 3 个果。不留果的子蔓孙蔓及早抹掉，但主蔓顶部必须留 1 ~ 2 条子蔓不摘心，保留 1 ~ 2 个生长点，做到结瓜子蔓分布合理，保证通风透光（图 33，图 34）。

图 33　甜瓜主蔓及子蔓整枝

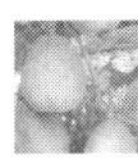

图 34　甜瓜整枝后的生长状况

实例一：一茬多次主蔓单蔓整枝抢早栽培技术实例

张永保创建高产田，种植品种为京蜜 10 号，在 3 月 20 日定植，亩定植 1 580 棵，小高畦整地，单垄种植，垄宽 1.2 米，株距 35 厘米，整枝方式为一茬多次主蔓单蔓整枝抢早栽培技术，4 月 20 日授粉，5 月 20 日开始收获。据调查，该示范户薄皮甜瓜坐果节位在 5 ~ 13 节，平均单株坐果 3.4 个。该技术整枝方式是在瓜秧6～10节子蔓上低位留瓜，每株定瓜4～5个，主蔓28～30片叶摘心，头批瓜定个后，及时在18～28节位留第二批瓜，第3批瓜在植株下部或中部新出子蔓或孙蔓留果，一般自然授粉。采用一茬多次不但提高亩产量，而且选用子蔓留瓜也能使甜瓜提早上市，达到高产高效，但对瓜农技术要求较高。

（2）双蔓整枝。又称孙蔓结果整枝，是目前使用较广泛的一种整枝方式。当瓜苗4～5片真叶左右时摘心，促发子蔓选留两条健壮的子蔓作结瓜蔓，待子蔓长到15厘米左右选留两条发育整齐、部位适宜、最健壮的子蔓，让其生长，其余的子蔓全部摘除，逐步形成以这两条子蔓为骨干的双蔓整枝方式。之后将两条子蔓向左右两侧引开，抹去子蔓基部1～6节位上生出的孙蔓（侧芽），选择子蔓7～11节位的孙蔓坐瓜，（早熟品种选择低节位的孙蔓结瓜，中晚熟品种选择中、上部孙蔓留瓜），有雌花的孙蔓留1～2片叶摘心，无雌花的孙蔓也在萌芽时抹去，每条子蔓生长到20～26片叶时摘心，最后每株留两个瓜，即每条子蔓各留一个。双蔓整枝法产量较高，适合大拱棚春秋季栽培，但瓜的成熟期稍晚，且成熟期也不太集中。

实例二：一茬一次侧蔓双蔓整枝省工栽培技术实例

吴振军创建高产田，种植品种为京蜜10号，用自根苗，3月18日定值，亩定植1 600棵，小高畦整地，单垄种植，垄宽1.3米，株距30厘米，采用一茬一次侧蔓双蔓整枝省工栽培技术。该示范户薄皮甜瓜坐果节位在5～12节，平均单株坐果4.0个。该技术整枝方式是指在子叶长至3～4片叶时掐顶，留2条子蔓进行吊蔓，每条蔓均留2～3个瓜，留果节位在10～12节，当子蔓长至18片叶时掐顶，该技术留瓜比较容易，且管理起来省工，但植株开花、坐果、果实成熟较晚。

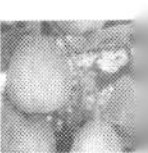

六、授粉与留瓜

薄皮甜瓜常进行人工授粉，能够提高坐果率和产量，同时也可以避免坐果畸形，坐瓜节位不一。甜瓜开花后两小时内雄花花粉的生活力最强，人工授粉一般在上午9时以后开始，一朵雄花可涂抹2～3朵雌花，也可收集雄花花粉用软毛笔涂抹雌花，为了更好的坐果，可以在果前1～2片叶摘心。此外如遇阴雨天还可以用“坐瓜灵”，但要注意使用的浓度，按说明书配制，使用不当会产生畸形瓜，但最好应用人工授粉。对于第一茬瓜可用药剂喷花处理瓜胎5～6个，留瓜3～4个。可采用0.1%的氯吡脲，一般每支（10毫升）对水3千克（参照说明书使用），当第一个瓜胎开花前一天用小型喷壶从瓜胎顶部连花及瓜胎定向喷雾。注意最好用手掌挡住瓜柄及叶片，以防瓜柄变粗、叶片畸形。喷瓜胎时，一般一次性处理花前瓜胎4～6个（豆粒大小的瓜胎经处理均能坐住），这样一次性处理多个瓜胎，坐瓜齐，个头均匀一致。为防止重复处理瓜胎而出现裂瓜、苦瓜、畸形瓜现象，可在药液中加入含有色素的2.5%适乐时悬浮剂，既防治了早期灰霉病的侵染，又做了喷花标记。

留瓜的位置和数量因品种和整枝方式而确定，甜瓜一株可结多个瓜，及时选瓜留瓜非常重要，过早看不出优劣，太晚会浪费植株的营养，幼瓜在鸡蛋大小、开始迅速膨大时选留即可，留瓜选择果型好、个大、颜色鲜亮、果脐小，果柄粗大的为好。一般每株一茬果选留4～5个为宜。植株中部节位以上的果实；二茬果需植株15片叶以上留果，以孙蔓结果为主，具体留瓜还需视瓜蔓生长季节、状况和肥力情况而定（图35）。

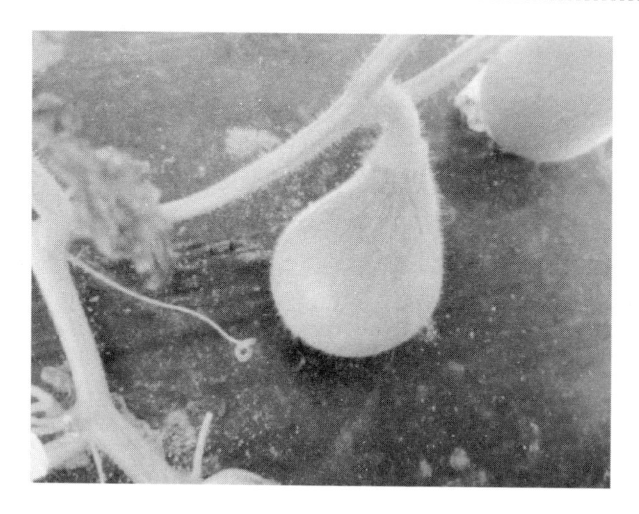

图 35　摘除畸形果

七、水肥管理

（一）浇水

甜瓜植株一生一般需要浇水多次，在它的生长发育果实膨大期需要有充足的水分供应；具体情况应当根据不同的气候、土壤和植株的不同生育时期以及生长状况，进行适量而正确的浇水。

1. 定植水

当天定植，马上浇水，根据墒情适量浇水，土壤湿度在70% ~80%最好。

2. 缓苗水

定植后 3 ~4 天浇一次缓苗水，在一般情况下，生长前期不再浇水，以利于根系向纵深生长，增强植株后期的抗旱能力。注意避免大水漫灌，根据墒情适量浇水，浇缓苗水需要好天，放风量大时，滴灌浇水 30 分钟，用水 1.5 ~2.5 吨，阴天雾霾天不浇水，如果太干，可喷叶面肥补充水分。

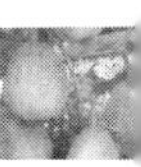

3. 伸蔓水

缓苗水过后一周左右，植株 8 ~ 9 片叶，浇一次伸蔓水，根据墒情适量浇水，植株伸蔓后、坐果前，需水量逐渐加大，这时需浇 1 次伸蔓水。开花前如果浇水过多，容易引起落花落果，但是干旱的时候，坐果前应浇水，以保花保果；滴灌浇水 2 ~ 3 小时，10 ~ 15 吨水即可。

4. 膨瓜水

果实迅速膨大，此时期需水量最多，根据墒情适量浇水，因此膨瓜水要浇足，膨瓜期浇水要勤，水量要大，滴灌浇水 3 ~ 4小时，15 ~ 20 吨水，浇水时间应掌握在绝大多数植株都已经坐果，且果实如鸡蛋大小，已经疏果后进行，每隔 7 ~ 10 天左右浇一次小水，以满足果实膨大的需要。果实膨大后要控制浇水，收获前 10 ~ 15 天停止浇水。

5. 定瓜水

此时需水量小，滴灌浇水 30 分钟到 1 小时，2.5 ~ 5 吨水。早晚进行浇水比较适宜，切忌大水漫灌，浸泡植株，浇水要见干见湿，不干不浇，见干就浇；坐果前尽量不浇或者少浇；果实膨大期及时浇水，如果缺水严重，在果实膨大期，可以按株浇水；果实长足，应该控制浇水；果实接近成熟时，需水量大大减少，控制浇水可促进果实成熟。

（二）施肥

薄皮甜瓜生育期短，需施足底肥，不必追肥，但如果地力差，基肥施用不足，植株长势弱时，应适时适量追肥。甜瓜茎蔓生长迅速，为使植株早发晚衰，生长健壮，也应追肥，并结合浇水，以水调肥。坐瓜后土壤保肥性好，施肥应少次多量；保肥性能差的沙土地，追肥应勤施少施；轻施瓜前肥，重施瓜后肥。

甜瓜全生育期一般追肥 2 ~ 3 次，一般坐果前追肥。但是，基肥不足或者保肥性能不好的沙土地，应追一次提苗肥或促蔓肥，每亩施尿素 5～10 千克，过磷酸钙 8～15 千克；定瓜后（幼瓜鸡蛋大小），根据果实情况，在离瓜根 30 厘米处打洞穴施，尿素 5～8 千克，过磷酸钙 5 千克，硫酸钾 10 千克。

植株根外追肥以补充养分，坐果后每隔 7 天左右喷一次 0.3% 磷酸二氢钾溶液，连续进行 2～3 次，有利于提高果实可溶性固形物含量。追肥后 2～3 天要加大通风，防止氨气灼伤茎叶，果实成熟前 10～15 天停用肥水。

八、成熟与采收

（一）果实成熟

甜瓜的品质和商品性与成熟度密切相关，必须在果实充分成熟时采收。果实成熟的判断依据如下（图 36）。

图 36　甜瓜成熟与采收

◎开花至成熟期间：不同品种在开花到果实成熟所需要的时间差别很大。一般早熟品种为 30 天左右，中熟品种 35 天左右。温室大棚、冷棚栽培可在开花坐果时挂牌作为标记，到成

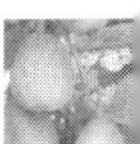

熟采摘时可收回。高温期间，栽培成熟期相应缩短，早春地温栽培或秋冬保护地栽培则成熟期较长。严格整枝，适当肥水管理，果实成熟期也较早；反之，水肥过多过大，特别是氮肥过多，植株、叶片生长旺盛，果实成熟期延长。

◎离层：多数品种果实成熟时，果柄与果实的着生处会形成离层。

◎香气：有香气的品种，果实成熟时香气开始产生，成熟越充分香气越浓。

◎硬度：成熟时果实硬度有变化，果脐部分首先变软，用手按压果实有一定的弹性。

◎植株特征：坐果节卷须干枯，叶片叶肉失绿，叶片变黄，可作为果实成熟的象征。

（二）果实采收

甜瓜采收，要考虑田间稍热，又无露水和田间病虫害等。因此，采收时间应选择在瓜田温度较低（20℃以下），瓜的表面无露水时为宜。

采收时，薄皮甜瓜皮薄易碰伤，果实肉薄、水多，容易倒瓤，不耐储运，因此，采收时要轻拿轻放。采摘时用剪刀剪成“T”字形果柄，防止采收后病菌侵入伤口。

第四章 薄皮甜瓜病虫害及综合防治

保护地种植薄皮甜瓜高投入、高产出，随着市民生活水平的提高，市场需求量不断增加，设施面积不断发展，保护地复种指数也不断提高，加剧了甜瓜病虫害的发生与为害。严重影响甜瓜的品质和质量，学会辨识病虫害，加强综合防治，才能使农民的收益有所保障。

◎◎◎◎◎◎◎◎◎◎◎◎◎◎◎◎◎◎◎◎◎◎◎◎◎◎◎

一、甜瓜病毒病

病原

主要有黄瓜花叶病毒（CMV）、烟草环斑病毒（TRSV）、西瓜花叶病毒2号（WMV2）、南瓜花叶病毒（SgMV）、哈蜜瓜病毒（HMV）、哈蜜瓜坏死病毒（HmVNV）。

为害症状

主要有花叶、黄化皱缩及两种复合侵染混合型（图37）。

（1）花叶型。新叶产生褪绿斑点，叶片上出现黄绿镶嵌花斑，叶面凹凸不平。新叶畸形、变小，植株端节间缩短，植株矮化，发病愈早，对产量和品质影响愈大。

（2）坏死型。新叶狭长，皱缩扭曲，花器不发育，难于坐果，即使坐果也发育不良，易形成畸形果。果实受害时，果实表面形成浓绿色与淡绿色相间的斑驳，并有不规则突起。

图 **37**　甜瓜病毒病的花叶坏死、畸形斑驳、条纹等症状

发生规律

病毒主要是通过种子、蚜虫、接触等方式传染。甜瓜病毒病的发生与气候、品种和栽培条件有密切关系。温度高、日照强、干旱条件下，利于蚜虫的繁殖和迁飞传毒，也有利于病毒的发生。瓜田病毒病适温为18～26℃，在36℃以上时一般不表现症状。瓜株生长不同时期抗病力不同，苗期到开花期为对病毒敏感期，授粉到座瓜期抗病能力增强，坐瓜后抗病毒能力更强。故早期感病的植株受害重，如开花前感病株，可能不结瓜或结畸形瓜，而后期感病的多在新梢上出现花叶，不影响坐瓜。不同品种抗病性有差异，一般以当地良种耐病性较强，可结合产量、品质和经济效益的要求，因地制宜地选用。栽培条件中主要有管理方式、周围环境等，管理粗放、邻近温室、大棚等菜地或瓜田混作的发病均较重，缺水、缺肥、杂草丛生的瓜田发病也重。

生态防治

◎瓜地选择远离蔬菜作物，甜瓜、西瓜、西葫芦不宜混种。

◎播前进行种子处理，用55℃温开水浸种10分钟，杀死种子表面的病毒。

◎加强田间管理，培育健壮植株，增强植株抵抗力。发现病株，及时拔除销毁。打杈摘顶时要注意防止人为传毒。

药剂防治

◎消灭蚜虫：在瓜田设置黄色粘板，在蚜虫进入瓜田为害前被诱杀，减少传毒机会。及时防治蚜虫，可选用10%一遍净2 000～3 000倍液，或用1%杀虫素2 500倍液，或

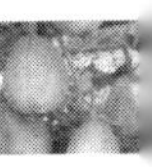

用40%乐果乳剂800倍液喷洒瓜田及周围杂草，彻底消灭蚜虫。

◎发病初期喷20%病毒宁可湿性粉剂500倍液，或用5%菌毒清可湿性粉剂500倍液，或用0.5%抗毒丰水剂300倍液，或用20%毒克星可湿性粉剂500倍液。每隔10天喷1次，连续2~3次。

◎◎◎◎◎◎◎◎◎◎◎◎◎◎◎◎◎◎◎◎◎◎◎◎◎◎◎

二、甜瓜细菌性果斑病

病原

燕麦嗜酸菌西瓜亚种。

为害症状

甜瓜染病，果皮上形成深褐色或墨绿色小斑点，有的具水浸状晕圈，斑点通常不扩大；有的品种病菌侵入果肉组织造成水浸状、褐腐或木栓化；有的品种病斑只局限于表皮，中后期条件适宜病菌造成果肉腐烂。子叶、真叶、茎、蔓均可被侵染。真叶症状类似霜霉病，病斑受叶脉限制呈圆形至多角形，或沿叶脉蔓延，形成深褐色水浸状病斑，在高湿条件下可见乳白色菌浓的痕迹。苦瓜的症状与甜瓜基本相似（图38）。

传播途径

该病的远距离传播主要靠带菌种子，种表及种胚均可带菌。病田土壤表面病残体上的病菌及感病自生瓜苗、野生南瓜等，可作为下季或翌年瓜类作物的初侵染源。带菌种子萌发后，病菌就从子叶侵入，引起幼苗发病。病株病斑上溢出的菌脓或病残体上的病菌借风雨、昆虫及农事操作等途径传播，从伤口和气孔侵染。在瓜类生长季节可形成多次再侵染。

图 38　甜瓜细菌性果斑病症状

生态防治

◎选择无病留种田选择无果斑病发生的地区作为制种基地，并采取严格隔离措施，以防止病原菌感染种子。

◎播前进行种子处理，可以有效降低种子带菌率。常用处理方法包括用1%盐酸漂洗种子15分钟，或用15%过氧乙酸200倍液处理30分钟，或用30%双氧水100倍液浸种30分钟。

◎在进行嫁接过程中，操作人员的手和工具要用75%的酒精消毒。

◎加强栽培管理避免种植过密、植株徒长，合理整枝，减少伤口。

◎及时清除病株及疑似病株，并销毁深埋。

◎尽量选择植株上露水已干及天气干燥时进行田间农事操作，减少病原菌的人为传播。

药剂防治

瓜类细菌性果斑病的防治药剂以抗生素类和铜制剂为主。

◎生物农药中生菌素可以有效抑制瓜类细菌性果斑病的发生和蔓延。发病初期用3%中生菌素可湿性粉剂500倍液进行叶面喷施，每隔3天喷施1次，连续喷2~3次；或用有效浓度为200毫克/升新植霉素，每隔5~7天喷1次，连续喷2~3次在预防和早期治疗方面也具有较好效果。

◎发病初期叶片喷施77%氢氧化铜可湿性粉剂1500倍液，每隔7天喷施1次，连续2~3次，可有效控制病害的发生和传播，但开花期不能使用，否则影响坐果率，同时药剂浓度过高容易造成药害。作为预防可以每周喷1次，使用浓度为正常用量的一般或正常用量。此外，还可选用20%叶枯唑可湿性粉剂600~800倍液、20%异氰尿酸钠可湿性粉剂700~1000倍液，或用50%琥胶肥酸铜（DT）可湿性粉剂500~700倍液，整株喷雾防治效果也较明显。田间施药时铜制剂与其他药剂尽量轮换使用，既可提高药剂使用效果，又可降低抗药性。

◎◎◎◎◎◎◎◎◎◎◎◎◎◎◎◎◎◎◎◎◎◎◎◎◎◎◎

三、甜瓜枯萎病

病原

甜瓜枯萎病由尖孢镰刀菌甜瓜专化型（*Fusarium oxysporum* f. sp. *melonis*）引起，在 PDA 培养基上菌落正面为白色至淡粉红色，菌丝棉絮状，生长速度快，产生白色、桃红色、橙红、灰葡萄酒色至紫红色、紫色等色素；在 PSA 培养基上菌落正面白色棉絮状，菌丝稀疏或浓密，菌落背面呈浅黄色或淡紫色。大型分生孢子似镰刀形或新月形，基部有足细胞，3～5 个横膈，大小为（30～60）微米×（3.5～5）微米；小型分生孢子长椭圆形，单胞或有 1 个横膈，大小为（5～26）微米×（2～4.5）微米。甜瓜专化型划分为 4 个生理小种，即小种 0 号、1 号、2 号和 1.2 号；根据小种 1.2 号引起病害症状的差异，又将其分为 1.2w（症状表现为萎蔫）和 1.2y（症状表现为枯黄）。

症状

甜瓜枯萎病是典型的土传真菌病害，从苗期到成株期均可发病。其中，开花坐果期发病最重，常引起瓜秧枯萎死亡。出苗期发病，幼苗茎基部变褐缢缩，下部叶片变黄猝倒而死，剥开病部，可见幼嫩组织变淡褐色；苗期发病，叶色变浅，逐渐萎蔫，严重时幼苗僵化枯死；开花期发病，初期可见叶片由基部向顶部逐渐萎蔫，晴天中午更为明显，早晚萎蔫症状可以有所减轻或恢复，叶面不产生病斑，数日后，瓜秧叶片萎蔫下垂，病株茎基部表现矮缩，表皮粗糙、纵裂。在潮湿的环境条件下，病部还可产生白色或粉红色霉状物，即病原物的菌丝体和分生孢子（图 39）。

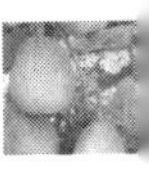

图 39　甜瓜枯萎病田间病株

生态防治

◎与非瓜类作物实行 3 ~5 年的轮作倒茬是防治甜瓜枯萎病的重要农业措施。茬口以选择小麦、豆类、休闲地最好，其次是棉花、玉米等。此外，采用洋葱和大蒜作为轮作作物，可明显减轻枯萎病的为害。

◎加强栽培管理是重要的农业防治手段，主要措施包括合理施用磷、钾肥和充分腐熟的肥料。

◎适当中耕，提高土壤透气性，促进根系粗壮，增强抗病力；小水沟灌，忌大水漫灌，及时清除田间积水；发现病株及时拔除，收获后清除病残体，减少菌源积累。

◎瓜苗嫁接可有效防止瓜类枯萎病的发生，还可利用砧木根系耐低温、耐渍湿、抗逆力强和吸肥力强的特性，促进植株生长旺盛，提高抗病性、增加产量。最常用的砧木是南瓜，嫁接后可显著提高甜瓜抗枯萎病的能力。

◎抗病育种：选用抗病品种早熟或晚熟品种中白皮种群品种抗性均最差，而花皮、绿皮、黄皮种群的品种抗性较好。抗病育种是防治枯萎病的重要手段，但存在育种周期长、抗病品种资源稀少、病原菌生理小种的致病力分化且不稳定、多基因控制抗病性、遗传规律较复杂等问题，难以完全满足生产的需要。

◎生物防治：采用产黄青霉干燥菌丝体提取物处理感染镰刀菌的甜瓜植株，能引起甜瓜植株对镰刀菌的非生理小种特异性诱导抗性，同时显著提高过氧化物酶活性。无致病性菌株在感病植株上定殖但不表现明显的症状，并且能显著减少野生型生理小种的侵染比率。荧光假单胞菌和内生细菌处理甜瓜植株后，枯萎病病害严重程度显著降低。但需在发病前处理为佳。

化学防治

利用多菌灵进行苗床消毒和溴甲烷、棉隆等进行土壤熏蒸处理可有效防治甜瓜苗期枯萎病。三氯硝基甲烷可以替代溴甲烷用于土壤熏蒸，采用该药剂进行滴灌处理可有效地防治甜瓜枯萎病。苯菌灵灌根处理能够明显降低甜瓜植株根茎上病原菌的数量，有效减轻枯萎病的发生。多菌灵拌种处理或多菌灵与噁霉灵混合使用可有效防治甜瓜枯萎病。此外，用种衣剂处理

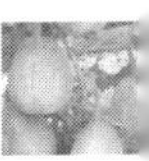

种子能有效提高甜瓜出苗率，降低枯萎病的发病率。

◎◎◎◎◎◎◎◎◎◎◎◎◎◎◎◎◎◎◎◎◎◎◎◎◎◎◎

四、甜瓜白粉病

病原

通常认为苍耳叉丝单囊壳（*Podosphaera xanthi*）可以引起甜瓜白粉病。苍耳叉丝单囊壳为专性寄生菌，不能再人工培养基上培养，但寄主范围较广，可以侵染包括葫芦科在内的多种作物。病原菌的无性阶段为分生孢子梗上产生大量的串生分生孢子，分生孢子梗圆柱状或短棍状，不分枝，分生孢子单胞，椭圆形或圆柱形。有性阶段产生球形的闭囊壳，暗褐色，壳表面有附属丝，从闭囊壳内产生子囊，子囊椭圆形，每个子囊内有8个子囊孢子。病原菌以菌丝体或闭囊壳在寄主上或在病残体上越冬，翌年以子囊孢子进行初侵染，然后从发病部位产生分生孢子进行再侵染，造成病害蔓延和扩展，但在温暖地区，病菌无明显越冬期，不产生闭囊壳，以分生孢子进行初侵染和再侵染，完成其周年循环。

症状

在甜瓜全生育期都可发生。主要为害甜瓜的叶片，严重时亦为害叶柄和茎蔓，有时甚至可为害幼果。发病初期在叶片正、背面出现白色小点，随后逐渐扩展呈白色圆形病斑，多个病斑相互连接，从而使叶面布满白粉，故称为白粉病。叶片上形成的白色粉状物为病原菌的菌丝体、分生孢子梗和分生孢子。随着病害越来越严重，病征的颜色逐渐变为灰白色，发病后期还会在病斑上产生黑色小粒点，这是病原菌有性世代产生的闭囊壳。发病严重的情况下病叶枯黄坏死（图40）。

图 40　甜瓜白粉病症状

生态防治

◎目前生产中可用的甜瓜抗病品种包括喀甜抗 1 号、喀甜抗 2 号、喀甜抗 3 号和喀甜抗 4 号等。

◎甜瓜收获后，清除田间病株残体，减少侵染源。培育壮苗，提高植株抗病能力。

◎施足农家肥，增施磷钾肥，防止植株徒长和早衰。

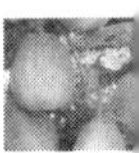

◎及时整枝打杈，保证植株通风透光良好。

◎合理浇水，适时揭棚通风排湿。避免连作。

药剂防治

采用4%四氟醚唑水乳剂进行喷雾，用量为每公顷40～60克。也可采用30%醚菌酯和啶酰菌胺合剂的悬浮剂进行喷雾，每公顷用量为202.5～270克。还可采用42.4%吡唑醚菌酯和氟唑菌酰胺合剂的悬浮剂进行喷雾，每公顷用量为75～150克。或者采用80%的苯醚甲环唑和醚菌酯合剂的可湿性粉剂进行喷雾，每公顷用量为120～180克。

◎◎◎◎◎◎◎◎◎◎◎◎◎◎◎◎◎◎◎◎◎◎◎◎◎◎◎

五、甜瓜灰霉病

病原

引起灰霉病的病原菌为灰葡萄孢（*Botrytis cinerea*），其有性世代为富克葡萄孢盘菌（*Botryotinia fuckeliana*），但在自然条件下很难发现其有性阶段。病菌的分生孢子梗单生或丛生，在梗上出现多轮互生分枝，芽生分生孢子，分生孢子椭圆形，单胞，呈现葡萄状聚生。病菌可形成菌核，黑色，性状不规则，菌核在合适的条件下可形成子囊盘，产生子囊，子囊内有8个子囊孢子。

病菌以菌核、分生孢子或菌丝体在土壤内及病残体上越冬。环境条件合适时，菌丝体产生分生孢子，菌核萌发形成子囊盘，产生子囊，分生孢子或子囊内释放的子囊孢子借气流、浇水或农事操作进行传播，从而为害幼苗、叶、花和幼果。

症状

甜瓜灰霉病可以侵染叶片、茎蔓、花和果实，以果实受害为主。发病后可导致幼苗死亡，果实腐烂，造成减产。病害发生初期引起植物组织腐烂，后期会在发病部位出现灰色霉层，故得名为灰霉病，灰色霉层即为分生孢子梗和分生孢子。育苗床幼苗感病通常会发生死亡。植株叶片发病常常从叶尖或叶缘开始，呈现“V”字形病斑。花瓣染病导致花器枯萎脱落，幼瓜发病部位通常在果蒂部，如烂花和烂果附着在茎部，会引起茎秆腐烂，造成植株死亡（图 41）。

图 41　甜瓜灰霉病症状

生态防治

由于目前还未发现抗灰霉病的抗病品种，生产中主要采用以下措施进行防治。

◎及时摘除病叶并销毁，加强大棚降温排湿工作。合理施肥，注重氮、磷、钾的科学配比。堆肥和厩肥应充分腐熟。保证阳光充足和合理的种植密度。合理轮作，育苗床进行消毒处理。也可用枯草芽孢杆菌（1 000 亿个/克）可湿性粉剂进行喷雾，每亩用量为 45 ~ 55 克。海洋芽孢杆菌（10 亿 CFU/克）可湿性粉剂进行喷雾，每公顷用量为 1 500 ~ 3 000 克。荧光假单胞杆菌（1 000 亿个/克）可湿性粉剂进行喷雾，每公顷用量为 100 ~ 1 200克。10% 多抗霉素 B 可湿性粉剂进行喷雾，每公顷

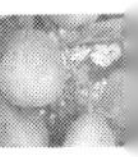

用量为 187.5～225 克。1% 申嗪霉素悬浮剂进行喷雾，每公顷用量为 15～18 克。

化学防治

采用 42.4% 吡唑醚菌酯和氟唑菌酰胺合剂的悬浮剂进行喷雾，每公顷用量为 150～225 克。20% 嘧霉胺悬浮剂进行喷雾，每公顷用量为 450～540 克。50% 腐霉利可湿性粉剂进行喷雾，每公顷用量为 375～750 克。

◎◎◎◎◎◎◎◎◎◎◎◎◎◎◎◎◎◎◎◎◎◎◎◎◎◎◎

六、甜瓜霜霉病

病原

引起甜瓜霜霉病的病原菌为古巴假霜霉菌（*Pseudoperonospora cubensis*），为专性寄生菌。病菌的无性世代为孢囊梗产生孢子囊，孢子囊卵形或椭球形，有乳突，孢子囊萌发后产生游动孢子（一般为 6～8 个），游动孢子单胞，卵形，具有双鞭毛。病菌的有性世代为异宗配合，由雄器和藏卵器结合而形成的卵孢子球形。病害多从近根部的叶片开始发生，经风雨或灌溉水传播。病菌对温度的适应性较宽，15～24℃均可发病；病菌萌发和侵入对湿度要求较高，叶片有水滴或水膜时才可侵入，相对湿度高于 83% 时病害发展迅速。

症状

甜瓜霜霉病主要为害叶片。叶片正面上产生浅黄色病斑，沿叶脉扩展呈多边形，后期病斑变成浅褐色或黄褐色病斑斑。连续降雨高湿度条件下，病斑迅速扩展或融合成大斑块，致叶片上卷或干枯，下部叶片全部干枯。当湿度大时病部叶背长出灰黑色霉层，此为病菌的孢囊梗和孢子囊（图 42）。

生态防治

◎目前在生产中无高抗品种，其中伊丽莎白为中抗，其他

图 42 甜瓜霜霉病症状

品种如黄河蜜、红肉网纹甜瓜、白雪公主、随州大白等也具有一定的抗性。

◎进行搭架栽培，保持通风透光可以降低田间湿度。提高整地、浇水质量，避免与瓜类植物邻作或连作。合理密植，增施有机肥，实行氮、磷、钾配合施用，及时整蔓。也可采用3%多抗霉素可湿性粉剂 150 ~ 200 单位倍液进行喷雾。采用0.3%苦参碱乳油进行喷雾，每公顷用量为 5.4 ~ 7.2 克。采用0.5%小檗碱水剂进行喷雾，每公顷用量为 12.5 ~ 18.75 克。采用2 亿孢子/克的木霉菌可湿性粉剂进行喷雾，每亩用量为125 ~ 250克制剂。

药剂防治

采用 60%吡唑醚菌酯和代森联合剂的水分散粒剂进行喷雾，每公顷用量为 900 ~ 1080 克。采用 18.7%吡唑醚菌酯和烯酰吗啉合剂的水分散粒剂进行喷雾，每公顷用量为 210 ~ 350 克。采用 25%氟吗啉和唑菌酯合剂的悬浮剂进行喷雾，每公顷用量为 100 ~ 200 克。采用 30%烯酰吗啉和嘧菌酯合剂的水分散粒剂进行喷雾，每公顷用量为 225 ~ 315 克。采用 75%苯酰菌胺和代森锰锌合剂的水分散粒剂进行喷雾，每公顷用量为 1 125 ~ 1 687.5 克。采用 40%烯酰吗啉和霜脲氰合剂的悬浮剂进行喷

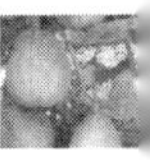

雾，每公顷用量为 300～420 克。

◎◎◎◎◎◎◎◎◎◎◎◎◎◎◎◎◎◎◎◎◎◎◎◎◎◎◎

七、甜瓜叶斑病

病原

引起甜瓜叶斑病的病原链格孢菌有 3 种：①瓜链格孢（*Alternaria cucumerina*），分生孢子梗单生或束生，褐色，顶端色淡，基部细胞稍大，不分枝，直立或 1～2 个膝状节，1～7 个横膈，大小为（36～118）微米×（4～6）微米。分生孢子单生或 2～3 个串生，倒棒状，浅褐色，孢身具 2～9 个横膈，0～3 个纵膈，分隔处收缩，大小为（27～48）微米×（8.5～17）微米；喙孢稍长，色淡不分枝，具 0～3 个横膈，大小为（5～28）微米×（4～6）微米，孢身至喙逐渐变细。②交链格孢（*A. alternata*），多个孢子形成长的、有分支的链状。孢子卵形、倒棍棒状，有时椭圆形，孢子体大小为（18～47）微米×（7～18）微米，1～4 个横膈，0～2 个纵膈。分生孢子经常含有短的、圆锥形或圆柱形的喙，有时长度会达到但不会超过孢子体长度的 1/3。③西葫芦生链格孢（*A. peponicola*），分生孢子梗单生或簇生，分枝或不分枝，直立或上部膝状弯曲，分隔，淡褐色至褐色，（43～82）微米×（4～5）微米。分生孢子单生或短链生，分生孢子链偶有分枝，分生孢子卵形、倒棍棒状或近椭圆形，3～7 个横膈，1～8 个纵膈，孢身（27～51.5）微米×（12～21）微米，多数分生孢子具短喙。

症状

甜瓜叶斑病在甜瓜各生育期都可发生，以生长中、后期为害最为严重，主要侵害叶片。发病初期叶片背面出现水渍状浅黄色小点，逐渐扩大成圆形至不规则形褐色病斑，后期发展成近圆形或不规则形暗褐色坏死斑。发病后期病斑中心浅褐色、外围由深褐色、黄萎的晕圈包围。病斑多时融合为大坏死斑，叶片干枯而死。湿度大时病斑上常产生黑褐色霉状物，即病原菌的分生孢子梗和分生孢子（图43）。

图43　甜瓜叶斑病症状

生态防治

◎选用抗病品种：关于甜瓜链格孢菌叶斑病抗性育种的研究相对较少，可能是因为链格孢菌经常在其他真菌侵染后的植物组织中存在。国外筛选出的抗病品种包括：Pollock、AC－82－37－2以及PI140471、145594、164551、124109、116915等。

◎采用无病害甜瓜幼苗或嫁接苗。

◎土壤深耕处理，增加土壤肥力。

◎春季至早夏种植，避开适宜病害发生的天气和温度，降低大棚中的相对湿度。

◎及时整枝打杈，防止瓜秧过密，影响通风透光。

◎及时清理病株残体，减少二次侵染。

◎避免重茬或与葫芦科、茄科作物接茬，选择与非寄主作物实行两年以上的轮作倒茬。

◎种子消毒处理：甜瓜种子消毒处理一般采用100倍的甲醛溶液浸种1.5～2小时，清洗后催芽或直接播种。种壳张开的瓜种可将1%的稀盐酸溶液浸种20分钟，清洗后催芽。还可采用0.1%高锰酸钾溶液或40%甲醛溶液100倍液浸泡10～15分钟，清水洗净后播种。

◎一些生防菌如木霉、枯草芽孢杆菌、短小芽孢杆菌等可用于防治甜瓜叶斑病。

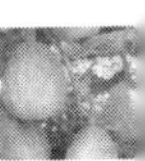

化学防治

采用的化学药剂大部分是保护性杀菌剂，最常见的是百菌清和代森锰锌，此外还有代森锰、嘧菌酯和吡唑醚菌酯等。发病前喷施百菌清、异菌脲、嘧菌酯等可有效保护植株免受病菌的侵染，发病初期喷洒异菌脲、腐霉利、异菌·福美双或百菌清、咪鲜胺锰盐、苯醚甲环唑、代森锰锌、苯甲·嘧菌酯或嘧菌·百菌清可有效抑制病害的扩展。

◎◎◎◎◎◎◎◎◎◎◎◎◎◎◎◎◎◎◎◎◎◎◎◎◎◎◎

八、根结线虫病

病原

甜瓜根结线虫病的病原为 *Meloidogyne incognita* Chitwood 南方根结线虫。雌虫会阴处有花纹，有 1 个高而呈方形的背弓，尾端区有 1 清晰的旋转纹，平滑至波形或"之"字形，无明显的侧线，但在侧区出现断裂纹和叉形纹，有时纹向阴门处弯曲。雌虫最重要特征是口针向背部弯曲。针锥前半部呈圆柱状，后半部呈圆锥状，针干后部略宽。口针基部球与针干结合处缢缩，前部锯齿状，横向伸长。口针长为 15 ~ 17 微米。

雄虫唇盘圆而大，比中唇高。侧面观，唇盘凹至平，头冠部高。头区常有 2 ~ 3 个不完全的环纹，也可能平滑，头区与虫体没有明显缢缩。口针针锥顶部略宽于中部，尖端钝圆，叶片状，针干圆筒状，近基部球处常变狭。基部球大，圆形至卵圆形，有时前部呈锯齿状，与针干接合处缢缩。口针长 23 ~ 25 微米，口针基部球至背食道腺开口，距离为 2 ~ 4 微米。

症状

甜瓜根结线虫主要为害根部，主根、侧根和须根均可被侵染，以侧根和须根受害为主。苗期染病危害较重。植株根部受害后形成的根结呈淡黄色葫芦状，前期表面光滑，后期表面龟裂、褐色，剥开根结可见鸭梨状乳白色雌虫。受害后形成的根结上通常可长出细弱的新根，并再度受到侵染，最终形成链珠状根结。初期病苗表现为叶色变浅，高温时中午萎蔫。重病植株生长不良，显著矮化、瘦弱、叶片萎垂，由下向上逐渐萎蔫，影响结实，直至全株枯死（图44）。

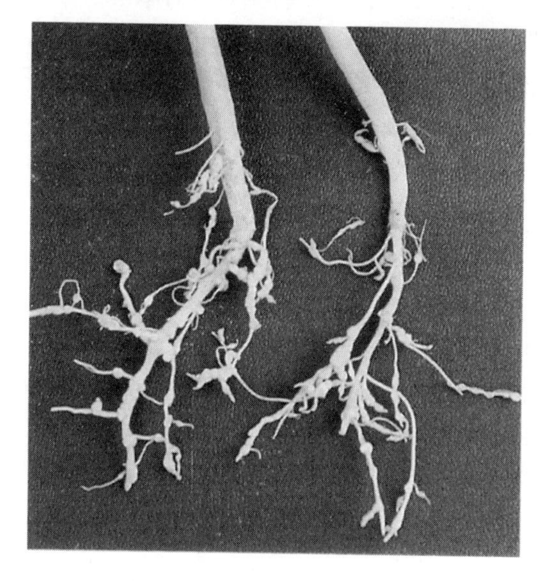

图44　甜瓜根结线虫病病根

生态防治

◎选用抗或耐根结线虫砧木：可供选择的砧木品种有“勇砧”、“京欣砧4号”等。

◎轮作：对于重病田，可在产后期用菠菜等高感速生叶菜诱集，并在下个茬口安排葱蒜等拮抗作物轮作；对于轻病田，可在休闲期诱集。少部分地区可以考虑在寒冷的冬季适当休闲结合低温休闲冷冻减轻病情。

药剂防治

◎育苗期。选择健康饱满的种子，50～55℃条件下温汤浸种15～30min，催芽露白即可播种。苗床和基质消毒采用熏蒸

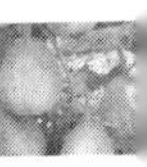

剂覆膜熏蒸，每平方米苗床使用0.5%福尔马林药液10千克（或者98%棉隆15克），覆膜密闭5～7天，揭膜充分散气后即可育苗；也可采用非熏蒸性药剂拌土触杀，每平方米苗床使用2.5%阿维菌素乳油5～8克，0.5%阿维菌素颗粒剂18～20克或10%噻唑膦2～2.5克。

◎定植期防治。10%噻唑膦颗粒剂1.5千克/亩拌土均匀撒施、沟施或穴施；或用0.5%阿维菌素颗粒剂18～20克/亩拌土撒施、沟施或穴施；或用5%硫线磷颗粒剂0.35～0.45千克/亩拌土撒施；或用5%丁硫克百威颗粒剂0.25～0.35千克/亩拌土撒施；或用3.2%阿维·辛硫磷颗粒剂0.3～0.4千克/亩拌土撒施；或用2亿活孢子/克淡紫拟青霉2～3千克/亩拌土均匀撒施，2.5千克/亩拌土沟施或穴施；或用2亿活孢子/克厚孢轮枝菌2～3千克/亩拌土均匀撒施，2.5千克/亩拌土沟施或穴施。

◎生长期防治。药剂拌土开沟侧施或对水灌根：亩施10%噻唑膦颗粒剂1.5千克/亩，或用0.5%阿维菌素颗粒剂15～17.5克/亩，或用5%硫线磷颗粒剂0.3～0.4千克/亩，或用5%丁硫克百威颗粒剂0.2～0.3千克/亩，或用3.2%阿维·辛硫磷颗粒剂0.3～0.4千克/亩，或用2亿活孢子/克淡紫拟青霉2.5千克/亩，或用2亿活孢子/克厚孢轮枝菌2～2.5千克/亩拌土开侧沟集中施于植株根部。

◎收获后。药剂熏蒸：①异硫氰酸酯类物质，每亩用98%棉隆10～15千克/亩、或每平方米用20%辣根素悬浮剂25～50克或用35%威百亩水剂100～150毫升；②氯化苦原液40～60克/平方米、1，3－二氯丙烯（1，3－D）液剂10～15克、每亩用二甲基二硫（DMDS）40～50千克/亩、硫酰氟每平方米用20～30克或碘甲烷等20～30克；③混合熏蒸，将氯化苦和其他熏蒸剂混用，对以根结线虫为代表的多种土传病虫有良好的综合防治作用，如氯化苦＋1，3－二氯丙烯（1:2）～(2:1)复配)，氯化苦＋二甲基二硫（1:1复配)，氯化苦＋碘甲烷(2:1)～(3:1)复配。

太阳能—作物秸秆覆膜高温消毒：收获完毕后即可进行，最好在夏休季应用，处理时间可根据茬口安排适当伸缩。可用的作物秸秆：玉米鲜秸秆 6 000 ~ 9 000 千克/亩、高粱鲜秸秆 6 000 ~ 9 000 千克/亩、架豆鲜秸秆 5 000 ~ 8 000 千克/亩。处理后通常可保障 1 ~ 2 年内安全生产。

◎◎◎◎◎◎◎◎◎◎◎◎◎◎◎◎◎◎◎◎◎◎◎◎◎◎◎

九、瓜蚜

又名棉蚜，有多种生物型。为害多种蔬菜、瓜类和其他植物。

为害症状

成虫和若虫多群集在叶背、嫩茎和嫩梢刺吸汁液，下部叶片密布蜜露，潮湿时变黑形成烟煤病，影响光合作用。瓜苗生长点被害可导致枯死；嫩叶被害后卷缩；瓜苗期严重被害时能造成整株枯死；成长叶受害，会干枯死亡，缩短结瓜期，造成减产。蚜虫危害更重要的是可传播病毒病，植株出现花叶、畸形、矮化等症状，受害株早衰（图 45）。

图 45　甜瓜蚜虫

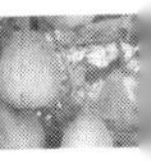

发生特点

每年4～6月发生。繁殖的适温为16～22℃。

生态防治

◎农业防治：经常清除田间杂草，彻底清除瓜类、蔬菜残株病叶等。保护地可采取高温闷棚法，方法是在收获完毕后不急于拉秧，先用塑料膜将棚室密闭3～5天，消灭棚室中的虫源，避免向露地扩散，也可以减轻下茬受到蚜虫危害。

◎生物防治：保护、引进利用蚜虫天敌防治瓜蚜是高档甜瓜生产中常用的方法。捕食性天敌有瓢虫、草蛉、食蚜蝇、食蚜瘿蚊，食蚜螨、花蝽、猎蝽、姬蝽等。寄生性天敌如蚜霉菌等。

◎物理防治：利用有翅蚜对黄色、橙黄色有较强的趋性。4月中旬开始至拉秧，可在瓜秧上方20厘米悬挂黄色诱虫板诱杀(市售，25厘米×40厘米)，每10米见方亩设置1块。当粘满蚜虫时及时更换。银灰色对蚜虫有驱避作用，也可利用银灰色薄膜代替普通地膜覆盖，而后定植或播种，或早春在大棚通风口挂10厘米宽的银色膜，趋避蚜虫飞入棚内。

药剂防治

傍晚密封棚室，每亩用灭蚜粉1千克，或用10%杀瓜蚜烟雾剂0.5千克，或用22%敌敌畏烟雾剂0.3千克，或用10%氰戊菊酯烟雾剂0.5千克。

◎喷药可用25%天王星乳油2 000倍液，或用2.5%功夫乳油4 000倍液，或用20%灭扫利乳油2 000倍液，或用10%吡虫啉可湿性粉剂1 000～2 000倍液，或用20%好年冬乳油1 000～1 500倍液等。

◎◎◎◎◎◎◎◎◎◎◎◎◎◎◎◎◎◎◎◎◎◎◎◎◎◎◎

十、红蜘蛛

俗称火蜘蛛、火龙、沙龙，学名叶螨，我国的种类以朱砂叶螨为主，属蛛形纲蜱螨目叶螨科。

为害症状

以成虫、幼虫或若虫群聚在叶背吸取汁液（图 46）。被害叶面呈现黄白色小点，严重时变黄枯焦，似火烧状，造成早期落叶和植株早衰。严重时果面上也会爬满，降低品质。

图 46　朱砂叶螨成螨及卵

发生特点

幼螨和前期若螨不甚活动。后期若螨则活泼贪食，繁殖数量过多时，常在叶端群集成团，并吐丝成网。每年发生 10 ~ 20 代。春天气温达 10℃以上时开始大量繁殖。在高温低湿的 6 ~ 7 月为害重。尤其干旱年份易于大发生。大棚内由于遮雨，通风后气温高时发生传播快。

生态防治

秋末清除田间残株败叶，烧毁或沤肥；开春后种植前铲除田边杂草，清除残余的枝叶，可消灭部分虫源。天气干旱时，注意灌溉，增加瓜田湿度，不利于其发育繁殖。

药剂防治

点片发生阶段喷1.8%农克螨乳油2 000倍液，或用15%哒螨酮乳油3 000倍液，或用5%霸螨灵悬浮剂3 000倍液，或用1.8%阿维菌素乳油3 000~5 000倍液，或用15%三唑锡悬浮剂1 500倍液，或用20%灭扫利乳油1 500倍液，或用73%克螨特乳油1 000~1 500倍液，或用25%甲基克杀螨可湿性粉剂1 000~1 500倍液，或用5%卡死克乳油1 000~1 500倍液，或用2.5%天王星乳油1 500倍液；或用43%联苯肼脂（爱卡螨）悬浮剂3 000倍液。

◎◎◎◎◎◎◎◎◎◎◎◎◎◎◎◎◎◎◎◎◎◎◎◎◎◎◎

十一、蓟马

有多种。甜瓜上发生的主要是黄蓟马。

为害症状

以成虫和若虫锉吸植物的花、子房及幼果汁液，花被害后常留下灰白色的点状食痕，严重时连片呈半透明状。为害严重的花瓣卷缩，使花提前凋谢，影响结实及产量（图47）。

发生特点

一年发生10多代，在温室可常年发生。以成虫在枯枝落叶下越冬。北京地区大棚内4月初开始活动为害，5月进入为害盛期。喜温暖干燥。在多雨季节种群密度显著下降（图48）。

图 **47**　瓜蓟马为害甜瓜叶

图 **48**　瓜蓟马成虫

生态防治

◎农业防治：铲除田间杂草、消灭越冬寄主上的虫源入手，

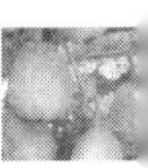

避免蓟马向豆田转移。适当浇水，增加田间湿度，有利于减轻为害。

◎生物防治：注意保护利用天敌如小花蝽、中华微刺盲蝽等。

药剂防治

低龄若虫盛发期前喷洒5%锐劲特悬浮剂3 000倍液，或用40%七星宝乳油1 000倍液，或用20%好年冬乳油1 000倍液，或用48%乐斯本乳油1 500倍液，或用10%吡虫啉可湿性粉剂1 500倍液，或用5%鱼藤精乳油1 500倍液，或用10%氯氰菊酯乳油2 000倍液。隔7～10天喷洒1次，连续防治2～3次。

◎◎◎◎◎◎◎◎◎◎◎◎◎◎◎◎◎◎◎◎◎◎◎◎◎◎◎

十二、白粉虱

俗称小白蛾。有烟粉虱、温室白粉虱等多种。其中烟粉虱分布广，生物型复杂，为害严重。

为害症状

成虫和若虫群集在叶片背面，刺吸植物汁液进行为害，造成叶片退绿枯萎，果实畸形僵化，引起植株早衰，影响减产。该虫繁殖力强，繁殖速度快，种群数量大，群聚为害，能分泌大量蜜液，严重污染叶片和果实，往往引起煤污病的大发生，使甜瓜失去商品价值。

发生特点

每年可发生10余代。北方地区露地不能越冬，但可以各种虫态在日光温室内越冬并繁殖。7～8月虫口数量增加较快，为害严重；9月中旬，气温开始下降，白粉虱又向温室内转移，因为内外互相迁飞，增加了防治难度（图49）。

图 49　白粉虱成虫若虫和卵放大图

生态防治

◎农业防治：育苗房和生产温室分开。育苗前彻底熏杀残余虫口，清理杂草和残株，在通风口密封尼龙纱，控制外来虫源。避免甜瓜与黄瓜、番茄、菜豆混栽。温室、大棚附近避免栽植黄瓜、番茄、茄子、菜豆等粉虱发生严重的蔬菜。

◎生物防治：人工释放丽蚜小蜂。

◎物理防治：白粉虱对黄色敏感，有强烈趋性，可在温室内设置黄板诱杀成虫。方法同瓜蚜防治。

药剂防治

扣棚后将棚的门、窗全部密闭，用35%的吡虫啉烟雾剂熏蒸大棚，也可用灭蚜灵、敌敌畏熏蒸，消灭迁入温棚内越冬的成虫。当被害植物叶片背面平均有3～5头成虫时，进行喷雾防治。选用25%的扑虱灵可湿性粉剂2 500倍喷雾；或用10%吡虫啉可湿性粉剂1 000倍液，或用0.3%的印楝素乳油1 000倍；

或用3.5%锐丹乳油1 200倍液，或用15%锐劲特胶悬剂1 500倍液，或用25%阿克泰水分散剂7 500倍液。上述农药应轮换使用，不可随意提高使用浓度。

◎◎◎◎◎◎◎◎◎◎◎◎◎◎◎◎◎◎◎◎◎◎◎◎◎◎◎

十三、潜叶蝇

有多种，其中，以美洲斑潜蝇为害最为严重（图50，图51）。

图50　美洲斑潜蝇成虫

图51　美洲斑潜蝇幼虫

为害症状

在早春出现，体形甚小，长仅2～3毫米，银灰色。成虫产卵于瓜叶上，孵化后幼虫钻入叶内，潜食绿色叶肉形成弯曲潜道，随幼虫的成长潜道由细变粗（图52），使幼苗光合作用受到影响，生长发育受阻，严重时叶片枯萎，造成死苗。

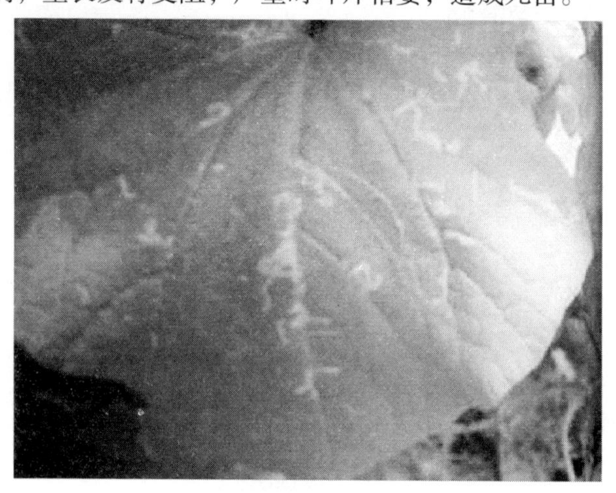

图52　美洲斑潜蝇为害症状

生态防治

◎农业防治：使用充分腐熟的有机肥，避免施用未经腐熟的有机肥料而招致成虫来产卵。

◎早春和秋季育苗及定植前，彻底清除田内外杂草、残株、败叶，并集中烧毁，减少虫源。种植前深翻整地，活埋地面上的蛹，最好再每亩施3%米尔乐颗粒剂1.5～2.0千克毒杀蛹。

◎发生盛期，中耕松土灭蝇。

药剂防治

掌握成虫盛发期，选择成虫高峰期、卵孵化盛期或初龄幼虫高峰期用药。防治成虫一般在早晨晨露未干前，8～11时露水干后喷洒，每隔15天喷1次，连喷2～3次。可用50%灭蝇胺可湿性粉剂1 500～2 000倍液；或用1.8%乳剂3 000倍液；或用1.8%爱福丁乳油3 000～4 000倍液；或用48%乐斯本乳油1 000倍液；或用25%斑潜净乳油1 500倍液；或用5%来福灵乳油3 000倍液；或用20%康福多4 000倍液等。

◎◎◎◎◎◎◎◎◎◎◎◎◎◎◎◎◎◎◎◎◎◎◎◎◎◎◎

十四、瓜螟

瓜绢螟又名瓜螟、瓜野螟，幼虫俗称小青虫（图53，图54）。

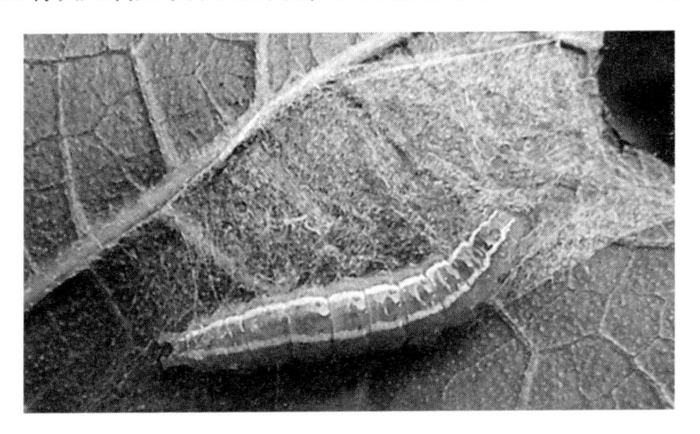

图53　瓜绢螟幼虫

图54　瓜绢螟成虫

为害症状

幼龄幼虫在瓜类的叶背取食叶肉，使叶片呈灰白斑，3 龄后吐丝将叶或嫩梢缀合，潜藏其中取食，使叶片穿孔或缺刻，严重时仅剩叶脉，直至蛀入果实和茎蔓为害，严重影响瓜果产量和质量。

生态防治

◎农业防治：清洁田园，瓜果采收后将枯藤落叶收集沤埋或烧毁，可压低下代或越冬虫口基数；人工摘除卷叶，捏杀部分幼虫和蛹。

◎生物防治：提倡用螟黄赤眼蜂防治瓜绢螟。此外在幼虫发生初期，及时摘除卷叶，置于天敌保护器（可用小瓶以 60 目左右网纱覆盖制作，赤眼蜂可以钻出，害虫不能钻出）中，使寄生蜂等天敌飞回大自然或瓜田中，但害虫留在保护器中，以集中消灭部分幼虫。

◎物理防治：采用频振式或微电脑自控灭虫灯，对瓜绢螟有效，还可以减少蓟马，白粉虱的为害。

药剂防治

掌握在幼虫 1 ~3 龄时，喷洒 2% 阿维菌素乳油 2 000 倍液；或用 10% 虫螨腈悬浮液 1 500 倍液；或用 2.5% 敌杀死乳油 1 500倍液；或用 20% 氰戊菊酯乳油 2 000 倍液；或用 48% 乐斯本乳油 1 000 倍液；或用 5% 高效氯氰菊酯乳油 1 000 倍液。施药后安全间隔内不能采收。

＊说明：部分虫害照片引自互联网，在此说明，并表感谢。

参考文献

[1] 陈芸，李冠，王贤磊. 甜瓜种质资源遗传多样性的SRAP分析. 遗传，2010，32 (7)：744 - 751.

[2] 邓德江. 西甜瓜优质高效栽培新技术. 北京：中国农业出版社，2007.

[3] 冯鸿，赖麟. 激光照射对白兰瓜种子萌发期淀粉酶活性的影响. 西南民族大学学报（自然科学版），2005，31 (2)：233 - 236.

[4] 傅亲民，王彩斌，刘生学. 旱砂田宽膜覆盖籽瓜栽培技术土壤水温效应研究. 干旱地区农业研究，2011，29 (6)：97 - 103.

[5] 郭书谱. 蔬菜病虫草害原色图谱. 北京：中国农业出版社，2005.

[6] 侯栋，闫秀玲，李浩，等. 几种不同砧木在哈密瓜嫁接无土栽培中的表现. 中国西瓜甜瓜，2002 (2)：5 - 6.

[7] 胡建平. 白兰瓜新杂交种银密栽培技术. 甘肃农业，2005 (4)：85.

[8] 李立昆，李玉红，司立征，等. 不同施氮水平对厚皮甜瓜生长发育和产量品质的影响. 西北农业学报，2010，19 (3)：150 - 153.

[9] 李毅然，厚保忠，别之龙，等. 不同土壤水分下限对大棚滴灌甜瓜产量和品质的影响. 农业工程学报，2012，28 (6)：132 - 138.

[10] 林德佩，仇恒通，孙兰芳，等. 西瓜甜瓜优良品种与良种繁育技术. 北京：中国农业出版社，1993.

[11] 林德佩，马国斌. 新疆的哈密瓜. 新疆农业科学，1990 (6)：272.

[12] 林德佩，吴明珠，王坚. 甜瓜优质高产栽培技术.

北京：金盾出版社，1997.

[13] 刘芳，陈年来，李仲芳，等. 低温对白兰瓜果实膜脂过氧化和渗透调节物质的影响. 食品科学，2007，28（5）：339－343.

[14] 刘雪兰. 设施甜瓜优质高效栽培技术. 北京：中国农业出版社，2010.

[15] 马德伟，徐润芳等. 甜瓜栽培新技术. 北京：中国农业出版社，1993.

[16] 马俊义，朱晓华，孔志军，等. 晚熟哈密瓜膜下滴灌栽培技术及病虫害防治. 新疆农业科学，2007，44（4）：465－469.

[17] 马刘峰，辛建华. 新疆哈密瓜沙化地膜下滴灌栽培技术. 北方园艺，2006（2）：82.

[18] 马文海，许辉新. 白兰瓜967日光温室栽培技术. 农业科技与信息，2009（13）：47，51.

[19] 马占福，程志国，马文海，等. 白兰瓜型新品种瓜州王子1号的选育. 中国西瓜甜瓜，2005（3）：8－9.

[20] 买买提·吐尔逊，依萨克·司马义，玉山·玉拉音. 吐鲁番地区设施哈密瓜秋延晚吊蔓栽培技术. 湖南农业科学，2013（15）：175－176.

[21] 孙茜，吕庆江. 图说棚室甜瓜栽培与病虫害防治. 北京：中国农业出版社，2008.

[22] 孙茜. 甜瓜疑难杂症图片对照诊断与处方. 北京：中国农业出版社，2008.

[23] 汪社宽，姚小凤. 优质无公害西瓜甜瓜栽培. 北京：台海出版社，2000.

[24] 王坚. 中国西瓜甜瓜. 北京：中国农业出版社，2000.

[25] 王叶筠，黎彦，蒋有条等. 西瓜甜瓜南瓜病虫害防治. 北京：金盾出版社，1999.